新曲綫 | 用心雕刻每一本……
New Curves

http://site.douban.com/110283/
http://weibo.com/nccpub

用心字里行间　雕刻名著经典

商务印书馆(成都)有限责任公司出品

儿童的情商

奠定自信和韧性的基石

〔英〕玛丽亚·罗宾逊 著

董昕 刘文 译

刘文 审校

商务印书馆
2025年·北京

The Feeling Child: Laying the Foundations of Confidence and Resilience

Maria Robinson

ISBN 978-0-415-52122-2

Copyright © 2014 by Maria Robinson.

Authorized translation from English language edition published by Routledge, part of Taylor & Francis Group LLC; All rights reserved.

The Commercial Press is authorized to publish and distribute exclusively the Chinese (Simplified Characters) language edition. This edition is authorized for sale throughout Mainland of China. No part of the publication may be reproduced or distributed by any means, or stored in a database or retrieval system, without the prior written permission of the publisher.

Copies of this book sold without a Taylor & Francis sticker on the cover are unauthorized and illegal.

本书原版由Taylor & Francis出版集团旗下Routledge出版公司出版，并经其授权翻译出版。版权所有，侵权必究。

本书中文简体翻译版授权由商务印书馆独家出版并限在中国大陆地区销售。未经出版者书面许可，不得以任何方式复制或发行本书的任何部分。

本书封面贴有Taylor & Francis公司防伪标签，无标签者不得销售。

译者序

学前教育是重要的社会公益事业,关系到国家、社会、家庭和个人发展的方方面面。党的十八大以来,通过扩资源、保普惠、建机制、提质量,我国学前教育事业取得了跨越式发展。2018年,中共中央、国务院印发了《关于学前教育深化改革规范发展的若干意见》,这是新中国成立以来第一次以党中央国务院名义专门印发来推进学前教育改革发展的重要文件,明确了学前教育改革发展的前进方向,具有重要意义。2020年,《中华人民共和国学前教育法草案(征求意见稿)》强调,要构建覆盖城乡、布局合理、公益普惠的学前教育公共服务体系,从国家层面保障学前儿童的受教育权。2021年,教育部等九部门颁布的《"十四五"学前教育发展提升行动计划》,把实现学前教育普及普惠安全优质发展作为提高普惠性公共服务水平、扎实推进共同富裕的重大任务。教育部的数据显示,2021年,全国学前教育毛入学率为88.1%,

比 2012 年的毛入学率提高了 23.6%。学前教育中的入园难、入园贵的问题得到有效缓解，学前教育实现了基本普及目标，开始迈入全面提升质量的新阶段。2021 年 9 月，国务院印发的《中国儿童发展纲要（2021—2030）》明确提出，要增强儿童心理健康服务能力，提升儿童心理健康水平。2022 年 1 月 1 日开始实施的《中华人民共和国家庭教育促进法》，为促进未成年人全面健康成长，对其实施道德品质、身体素质、生活技能、文化修养、行为习惯等方面的培育、引导和影响提供了法律保障。学前教育也因此驶入高质量发展的快车道。2024 年 5 月 20 日至 6 月 20 日是第十三个全国学前教育宣传月，其主题是"守护育幼底线，成就美好童年"，旨在让广大家长了解教师是如何守护孩子的身心健康的。同年 7 月，《中共中央关于进一步全面深化改革、推进中国式现代化的决定》全文发布，这份纲领性文件覆盖了推进中国式现代化的方方面面，重点部署了未来五年的重大改革举措，其中特别提到了健全学前教育、特殊教育、专门教育的保障机制。

充分理解儿童的发展是提升学前教育质量的核心。20 多年前我兼任幼儿园园长时，在幼儿园门口，经常能看到或听到许多小朋友反复跟自己的家长说"早点来接我啊"；尤其是小班的许多小朋友，与家长依依不舍，甚至哭着走进幼儿园，看着真是令人心痛。于是我开始思考，如何才能让孩子们喜欢去幼儿园和上学呢？著名的教育家苏霍姆林斯基曾说："孩子们在学习的最初日子里，怀着多么激动的心情跨进学校门槛，怀着多么深切的信任注视着老师的眼睛！为什么往往几个月之后，甚至几周之后，他们眼神中的光彩便会消逝？为什么学习对于某些孩子来说会变为苦恼？童年是人生最重要的时期，这不是对未来生活的准备时期，而是真正的、灿烂的、独特的、不可重现的一种生活。"我们学前教育的质量亟待提高！

摆在我们面前的这套丛书，就是我们理解儿童的基石。当初，北京新曲线公司的赵延芹编辑亲自到大连来约我翻译这套丛书，我当时并未立即答应。但是，当我翻阅完四本英文原书，不由得眼前一亮，这不正是我多年来一直在寻找的科学研究与科学普及之间联系的桥梁吗？真可谓"踏破铁鞋无觅处，得来全不费工夫"啊！翻阅这套丛书，有一种引人入胜、发人深省、不忍释卷的冲击感觉。因此，我欣然应允这份翻译工作。衷心希望我国的广大幼儿园教师和小学教师能够读读这套丛书，助力他们更好地理解儿童发展，与儿童进行更为有效的沟通，进而让孩子们喜欢上幼儿园、喜欢上学，为提升基础教育质量奠定基础、提供抓手。

正如作者介绍的那样，这套丛书详细地介绍了儿童发展的四条主线——身体发育、认知发展、情绪发展、社会性发展，其宗旨是为学前教育工作者提供他们所需的儿童发展知识以及对这些知识的理解，以便他们制定出具备儿童发展适宜性的教学方案。每本书围绕一条主线，清晰地将理论与日常实践联系起来，解释了儿童早期教育工作具有独特教学方式的缘由，以及儿童早期教育工作者向儿童提供学习经验的方式和方法，从而帮助孩子们成为有能力、有热情的主动学习者。

《儿童的智商：奠定理解和能力的基石》（原译名《儿童的思维：奠定理解和能力的基石》）全面系统地探讨了儿童的认知和智力发展的关键原则，并描述了儿童的日常实践活动。本书清楚地解释了儿童用以获取新知识的认知策略，以及认知发展的里程碑，诸如符号表征、记忆、想象、元认知和创造力，其中包括对大脑如何加工信息的研究。另外，本书还阐述了有效学习的关键特征，并展示了游戏是如何成为儿童获取新知识、巩固其新萌芽的想法与概念的主要认知机制的。作者将这些特征应用于儿童早期教育实践所取得的经验，可有效指导教师思考如何去做以及如何做得更好。

《儿童的体商：奠定主动学习和身体健康的基石》（原译名《儿童的成长：奠定主动学习和身体健康的基石》）通过对儿童日常生活的描述，全面讨论了儿童身体发育的重要原则。作者详尽地探讨了涉及身体发育的所有方面，包括锻炼、饮食、睡眠及其对儿童全面发展的影响。本书还阐述了学习的核心特质，诸如毅力、决心、信心、责任、勇气和好奇心，并阐述了身体游戏是如何帮助儿童发展组织技能、团队合作能力、风险管理能力、交流能力和提升自尊的。本书向儿童早期教育工作者展示了如何运用这方面的知识，为提升儿童的健康水平和学习幸福感提供了机会。

《儿童的社商：奠定关系和语言的基石》（原译名《儿童的社会化：奠定关系和语言的基石》）通过对日常实践的描述，全面讨论了儿童社会性发展的关键原则。其宗旨是能够让读者深入了解儿童的社交技能和人际关系的发展，以及他们对沟通和语言的探索。本书还论述了发展儿童真诚的、信任的和互惠的人际关系的重要性，并揭示了儿童社会化的内在动力的滋养和支持机制。作者强调，游戏对于发展儿童的人际关系和语言能力极为重要，而且还是巩固儿童社交技能发展的基础。本书有助于儿童早期教育工作者了解如何用这些理论知识来培养儿童的沟通和社交技能。

《儿童的情商：奠定自信和韧性的基石》（原译名《儿童的情感：奠定自信和韧性的基石》）系统讨论了儿童情感和行为发展的关键原则，描述了与之相关的日常实践。作者清晰地解释了早期经验如何影响儿童在不同的情景下的特定行为，阐述了有效学习的关键特征，并论证了游戏如何会成为儿童探索自身和身边环境的重要途径。

这套丛书对儿童四个主要的发展领域分别进行了深入的研究和阐述，四本书各自单独成册，分别论述儿童发展的一个方面，实际上它们又是相互联系、不可分割的一个整体。这套丛书是基于《英国国家早期教育纲要》法定框架而编写的。2008年，英国正式颁布并实施了《英国国家早期教育纲要》法定框架，这是英国早期教育领域中的里程碑式文件，该框架历经五次修订和完善，逐步形成了贯通0~5岁儿童的发展领域、教学指导策略、阶段评估办法等整体性体系。

最新版的法定框架于2023年12月8日颁布，2024年1月4日开始实施。在最新版法定框架的第Ⅰ部分内容中，将"儿童的学习与发展"划分为七大领域：交流与语言，个性、社会性与情绪发展，身体发育，读写能力，数学能力，理解世界的能力，表达艺术与设计。其中前三个领域为基础领域，后四个领域为特定领域，七大领域共涉及17条早期学习目标，这些目标是评估英国0~5岁儿童发展状况的重要参考。

由于这套书不同程度地体现或反映了《英国国家早期教育纲要》法定框架之前版本中第Ⅰ部分的内容，出版社特将最新版中的这部分内容整理并附书后，方便读者朋友参考。同时，也呼吁和期待我国《幼儿园教育指导纲要（试行）》的最新版纳入托幼一体化的内容，并尽快出台。

这套丛书的译者多为年轻教师和博士生，有些也在译书过程中顺利毕业成长为大学教师。具体分工如下：《儿童的智商：奠定理解和能力的基石》，张珊珊、于增艳译；《儿童的体商：奠定主动学习和身体健康的基石》，张雪、李志敏译；《儿童的社商：奠定关系和语言的基石》，刘文译；《儿童的情商：奠定自信和韧性的基石》，董昕、刘文译。最后，整套丛书由刘文审校和定稿，陈楠博士、于腾旭博士、王薇薇等人参与了图书翻译的前期准备工作，在此一并致谢！

最后，特别要感谢北京新曲线出版公司的领导和赵延芹编辑，正是由于他们的不懈努力、辛勤付出以及精益求精的精神，才有了这套丛书的诞生。特别是经过慎重考虑后对主书名的更改，不仅有科学依据，刷新了我们很多观念，而且也更易于广大儿童早期教育工作者和家长理解。希望这套丛书的出版对致力于儿童心理与教育的工作者、研究人员和家长有所帮助，进而有利于提升儿童的智商、体商、社商和情商。欢迎各界人士提出宝贵意见和建议！

刘文

2024 年暑假于大连

丛书简介

深刻理解儿童的发展，是做好早期教育实践的核心和根本。这套令人兴奋的丛书由四本构成，每一本都详细介绍了儿童发展的一条主线，分别为身体发育、认知发展、情绪发展、社会性发展。丛书的宗旨是为儿童早期教育工作者提供必备的知识，以及对知识的深刻理解，助其制定具备发展适宜性的工作方法。每本书均清晰地将相关理论与日常实践联系起来，解释了儿童早期教育工作者为何会采用特定的方式教学，呈现了他们如何向儿童提供学习经验，帮助孩子成为有能力且热情的学习者。虽然该丛书的每一本只对四个主要发展领域其中之一进行深入研究和介绍，但它也清晰地表明，这四个发展领域实际上是相互交织、不可分割的。

该丛书的四本书分别是：

《儿童的情商：奠定自信和韧性的基石》
（*The Feeling Child: Laying the Foundations of Confidence and Resilience*）
玛丽亚·罗宾逊（Maria Robinson）

《儿童的体商：奠定主动学习和身体健康的基石》

(*The Growing Child: Laying the Foundations of Active Learning and Physical Health*)

克莱尔·史蒂文斯（Clair Stevens）

《儿童的智商：奠定理解和能力的基石》

(*The Thinking Child: Laying the Foundations of Understanding and Competence*)

帕梅拉·梅（Pamela May）

《儿童的社商：奠定关系和语言的基石》

(*The Social Child: Laying the Foundations of Relationships and Language*)

托妮·巴肯（Toni Buchan）

本书简介

儿童的情绪发展和幸福感对他们的学习能力有何影响？你如何为你所照护的每个孩子提供符合其发展需求的学习经验？

《儿童的情商：奠定自信和韧性的基石》一书系统地讨论了儿童情绪和行为发展的关键原则，并描述了他们的日常实践活动。它清晰地解释了儿童的早期经验如何影响他们对不同的人和事做出特定的行为。

在本书中，作者分析和总结了有效学习的关键特征，展示了游戏如何成为儿童探索自身以及周围世界的重要途径之一。随后，这些特征被应用于早期教育实践不可或缺的各个方面，帮助儿童早期教育工作者做到：

- 以安全但富有挑战的方式支持儿童形成新的理解；
- 理解儿童接近或回避学习机会的方式；
- 反思自己的教学方法，通过有效的观察和计划，鼓励儿童的参与性、积极性和创造性；
- 与儿童父母和其他照护者合作，帮助他们支持儿童在家庭中的学习，同时维护儿童家庭的价值观；
- 尊重每个儿童的独特性，并为有特殊学习需要（无论是身体的、情感的还是认知的）的儿童提供适合他们的学习经验，以确保每个儿童都有平等的机会获得成功。

本书通俗易懂，不仅强调理解那些支持儿童情绪发展的理论的重要性，而且也向儿童早期教育工作者呈现了如何运用这些知识为儿童提供学习机会，以培养其思维和创造技能。

作者简介

玛丽亚·罗宾逊，儿童早期发展领域讲师、咨询师、培训师和顾问，拥有丰富的工作经验，为许多专业人士提供主流教育和额外支持需求教育方面的培训和工作坊。她涉及的研究领域为：儿童的情绪发展、依恋、大脑发育，以及儿童发展的所有方面与观察应用之间的联系。

致　谢

　　谨以此书纪念我深爱的丈夫斯图尔特。2012年4月，他因间皮瘤去世。他是一个美好且勇敢的人，在我开展工作和研究时一直给予我帮助，他是我的挚友、伤痛的治愈者和最亲的爱人。

　　我要感谢帕姆·梅给予本书的大力支持和耐心指导，感谢约翰·梅的高超编辑技术，感谢出版商对本书的耐心等待。我也要感谢我作为卫生巡访员时去过的所有家庭，感激他们，是他们教会了我很多。感谢这些年来我邂逅的所有早期教育专业的学生们，以及那些优秀、敬业的同事们。感谢你们给予我的所有支持和鼓励，以及对幼儿幸福的绝对承诺。

目 录

丛书序言   23

本书序言   31

第 1 章   创设情境   33

       为什么我们会有情感   36

       唱一首童年的歌   38

       理解脑   40

       感觉的重要性   50

       总 结   52

       挑战和困境   53

第 2 章　游戏、模仿和探索：发展的工具　　57

　　游戏的发展作用　59

　　游戏的不同形式　64

　　和语言的联系　75

　　总　结　76

　　挑战和困境　78

第 3 章　学会安全，学会学习，做有教养的从业者　　81

　　将我们的行为与感受联系起来　83

　　迈向安全的第一步　84

　　记忆的类型　85

　　记忆与感觉　88

　　学会安全　90

　　依　恋　94

　　做有教养的从业者　100

　　挑战和困境　105

第 4 章　自我意识与同理心的发展　　107

　　内在的我和外在的我　109

　　成为一个个体　111

　　　　同理心的发展　115

　　　　总　结　119

　　　　挑战和困境　119

第 5 章　观察和反思儿童的情绪健康　121

　　　　观　察　123

　　　　反　思　125

　　　　评　估　131

　　　　可能采取的行动　134

　　　　挑战和困境　135

第 6 章　家园共育　　　　　　　　　　　　　　137

　　　　家园共育是一门科学的艺术　139

　　　　良好实践的指南　143

　　　　总　结　146

　　　　挑战和困境　148

第 7 章　接受差异：男孩和女孩的不同世界　149

　　　　性别差异　150

　　　　男孩和女孩的不同世界　152

平等的环境 158

挑战和困境 161

第 8 章　我们能否听到儿童的心声　163

关于儿童的迷思 164

早期经验的影响 166

聆听儿童的心声 168

总　结 171

挑战和困境 172

第 9 章　入学准备　175

关于"入学准备"的争论 177

何谓"入学准备" 179

学校为儿童做好准备了吗 185

挑战和困境 186

**附　录：《英国国家早期教育纲要》法定框架（2024 年版）
学习与发展要求　187**

丛书序言

首先从思考两种我们可能都熟悉的情境开始。如果你愿意，请想象一片沙滩的画面：阳光灿烂，柔和的水波拍打着岸边，不远处有一个小石潭和一个大山洞。你带着两个孩子一起去郊游，其中一个3岁，另一个6岁。你们带着毛巾、小水桶和铲子。你选好位置，安顿好后，便坐在铺好的毯子上，惬意地读着一本好书。偶尔，你会为正在给"沙滩城堡"修建"护城河"的孩子们提点建议，或者检查一下山洞里有没有蜥蜴出没。孩子们偶尔会回来吃点儿或喝点儿，期间有必要的休息时间——或者去上厕所，或者吃个冰激凌。直到下午4点，包括你在内的所有人都度过了美好的一天。孩子们没有哭闹，也没有争吵，玩得很开心，但也很疲倦，这足以保证他们晚上睡个好觉。在以后的日子里，每当他们回忆起曾经建造的城堡和令他们害怕的蜥蜴时，都会想起这段"最棒的假日时光"。

现在，我带着我的两个孙子去逛当地的一家超市。设想一下这里的情境。根据我的经验，我们一进入超市，必须马上给他们

图 I.1*　探索山洞里是否有蜥蜴

---

* 为帮助读者清晰查找本书插图，序言（introduction）中的插图图号保留英文原书的标记法，即序言中图号标记为图 I.1、图 I.2……，后面各章图号与其章号保持一致，如图 1.1……，图 2.1……，以此类推。

立规矩："不许动任何东西。"可是，情况很快就不妙起来：一个孩子想要草莓味的酸奶，另一个却想要蓝莓味的酸奶，而我想要正在特价销售的混合装酸奶。于是，我们三方的争吵瞬间爆发。年龄较小的孩子被抱到购物车的儿童座椅上，他一边踢腿，一边大声哭喊着反抗。我们这伙嘈杂的人每到一处，都会招来许多妈妈用或同情或厌恶的眼神看着我。收银台旁边儿童触手可及的货架上的糖果也无助于解决问题，而我这个正在气头上的奶奶铁定地认为他俩都不配得到糖果。

为什么上述两种情境如此截然不同？答案就在于儿童有一种独特的、与生俱来的认识和理解他们所处世界的方式。这一过程称为儿童发展。儿童生来就拥有一套认识世界的策略，无论身在何处，他们都会运用这些策略。儿童学习的方式之一是运用他们的感官，对自己感兴趣的东西，通过触摸才能更好地了解它们。当他们在沙滩上挖沙子或捡贝壳时，这种方式就很适宜；但是，用类似的方式研究超市里的薯片，几乎不为人们所接受。儿童生来就会通过探索其周围的世界来主动学习。同样，当寻找山洞里的蜥蜴时，探索就是一种不错的方式；但在商店的过道中，这种探索就不再是有效的策略了。

本丛书考虑到了所有年幼儿童拥有的策略以及其他一些特点，并探讨了在年幼儿童的日常学习过程中如何发展和强化这些策略和特点。

这套丛书讲述的是学习过程,而不是学习内容。每本书描述的是年幼儿童发展的某个独立领域,以及他们的人际关系和经验会如何影响这一领域的发展。四本书分别选取了发展的一个方面,每本书对一个领域进行了深入的研究。

《儿童的体商:奠定主动学习和身体健康的基石》: 考察了儿童身体和运动的发展。

《儿童的智商:奠定理解和能力的基石》: 考察了儿童认知和智力的发展。

《儿童的社商:奠定关系和语言的基石》: 考察了儿童社会化和语言的发展。

《儿童的情商:奠定自信和韧性的基石》: 考察了儿童情绪和行为的发展。

尽管每本书只选取了儿童发展的某一方面并单独考察,然而,这纯粹是出于便于研究的权宜之计。当然,在实际生活中,儿童在学习维系友谊和交流、身体茁壮成长、不断加深对概念和道德的理解以及提升自信的过程中,会同时运用他们自身发展的方方面面。

我们认为,儿童具有某些先天固有的特征,这些特征可以有效地促进其发展。例如,动机和自主性就是其中两种固有的特征。它们需要与一种能促进其表现和发展的环境相匹配。那些茁壮成长且学习优异的儿童将会发现,在充满挑战但安全的环境中,他们的先天特征会得到那些有爱心、有见识的成年人的支持。这种环境会尊重这样的事实,即儿童是通过直接经验和各种感官进行

图 I.2　儿童自主探索

学习的，并且他们通常也会主动这样做。这就是沙滩能够提供这样一种有效的学习环境而超市不能的原因。在沙滩上，儿童可以使用主动参与的策略。他们被令人兴奋的周围环境鼓舞着，在玩耍时拥有相当大的自由度和自主性。在这里，我们可以看到他们探索周围世界的好奇心和能力与其所处的环境完美匹配。

这套丛书将会深入探讨这些观点。已有的和当前正在进行的研究贯穿全书，用以支持书中提出的所有实用的建议。孤立地使用理论毫无意义，它必须始终与儿童随时随地所经历的事情联系起来。这就是为什么本套丛书能给儿童早期教育工作者提供机会，去思考当他们读完这些书后，会给他们的实践工作带来哪些启示；同时，又能为他们提供一些合理的、基于证据的理解：为什么某些教与学的方法会如此成功。

这套丛书的核心是一些关于年幼儿童的重要理念，包括以下前提：

- 儿童是潜在的强大且自主的学习者；
- 他们需要富有爱心且敏感的成年人的陪伴；
- 儿童对自身的认知是他们作为学习者成功的关键；
- 游戏是促进儿童理解力发展的强大机制；
- 儿童当前的能力将是他们未来学习的起点。

或许，美国幼儿教育协会（National Association for the Education of Young Children, NAEYC）原则的最后部分对上述观点做了最清晰的总结：

> 儿童的经验塑造了他们的学习动机和学习方式，诸如坚持性、主动性和灵活性；反过来，这些倾向和行为又会影响其学习和发展。[1]

这些原则并非针对儿童的学习内容，而是与他们的学习方式有关，因此也与如何把他们教得最好有关。这些原则均体现在《英国国家早期教育纲要》（Early Years Foundation Stage, EYFS）[2]的文件中。

克莱尔·蒂克尔爵士在对《英国国家早期教育纲要》的评论中着重强调了我们在前面提到的有效学习的特征，而这些特征正是我们将要深入考察的内容。丛书中的每一本分别探讨最适用于该书考察发展领域的那些特征，当然，这其中的许多特征也会贯穿于整套丛书。每本书均有章节反映了《英国国家早期教育纲要》所强调的有效学习的各个方面，特别是：

- 游戏与探索
- 主动学习

- 创造性与批判性思维

其他章节将会涵盖所有儿童早期教育机构中通用的教育实践。譬如，观察儿童的学习，与儿童家庭建立紧密的关系，以及如何为男孩和女孩的不同学习风格做好准备。最后，将会有一章批判性地考察"入学准备"这一概念。每位作者都会探讨"入学准备"的含义，以及我们如何为基础教育阶段的儿童提供最好的支持，让他们充分利用在关键的第一阶段提供给他们的全部教育资源。

参考文献

1. National Association for the Education of Young Children. Position statement, 2009.
2. DfES. *Early Years Foundation Stage*. London: DfES, 2007.

本书序言

　　本书为培养儿童学习能力的各个方面搭建了一个基本框架。之所以说是基本框架，是因为我们可能知道或猜到，我们所有的决定，我们对自己和他人的态度、动机、信念、承诺和坚持的程度，都会带有我们自己的感情色彩。扪心自问，什么可以激励你在工作或学习中竭尽全力？认真思索一下，你可能会发现涉及这几个方面：你对待工作本身的态度；或者你想取得更大的进步；抑或在你心底，你害怕失败、希望取悦他人、希望能够感受到他们对你的肯定。对所有人来说，我们的情感及其影响我们行为的方式，也都会影响我们生活的方方面面，包括我们的动机、共情能力、反思能力，以及与他人交往或参与活动的能力。因此，我们的情感深刻地影响着我们的学习态度和学习倾向。

简而言之，本书将会讨论人生最初几年的情感如何塑造我们的自我价值感和自尊感，以及这些经历和经验对我们的一生又会带来怎样的影响。这是因为，尽管随着我们的成长，我们会根据新的经历和经验，不断修改和调整童年的经验，但我们永远不会忘记那些经历曾经带给我们的滋味。

本书的另一宗旨是，让儿童发现自己，发现他们周围的世界，他们需要自己去探索。换言之，孩子从出生那一刻甚至更早的时间起，就已经开始摸索着进入这个世界了。因此，当孩子张开双臂拥抱周围环境时，探索和游戏就成为他们至关重要的学习方式，他们会通过所有感官，奋力发现作为个体的人是什么样子，并在他们自己独特的环境中生存和生活。

当然，儿童不是孤立的。家长和其他照护者的作用至关重要，尤其是早期教育工作者的作用，爱和教养的观念尤为这一职业角色所必备。

我们是有情感的生命体，情感很强大，它是我们人性的重要组成部分。从我们生命的最初那一刻起，我们对经验的感受就为我们在人生舞台上度过的时光设定了背景主题。

第1章

创设情境

我们普遍存在喜、怒、哀、惧、恶、惊等情绪,这些情绪会让我们的想法和行为带上感情色彩。

最近，我在听广播时注意到一档讲述压力的节目。压力俨然成为人们缺勤的首要原因，该话题也引发了大量的讨论。然而，听着听着，我开始意识到，尽管人们表面上好像是在谈论"压力"，实际上却是在描述应对各种生活困境的感受。他们似乎把愤怒、悲伤或恐惧的体验，一股脑地都归咎于压力，而不去甄别他们对这些经历的具体反应。这并不是要以任何方式否认压力本身存在这一事实，就其最纯粹的形式而言，压力是指对我们的情感、思想和行为造成困扰的任何事情。

进一步思考后我意识到，我们似乎也会用另一种方式将一些可能的情感混为一谈。比如，我们经常会使用"抑郁"一词。你可能听过有人说他们感到"有点儿抑郁"，而事实上，他们可能是感到担心、悲伤、害怕或焦虑。再次声明，这并不是要以任何方式否认抑郁存在这一事实，抑郁症所带来的无助和绝望会耗尽人的一切，令人谈虎色变。不过，想一想为什么我们倾向于给我们的情感加上一些医学的意味，这的确是件有趣的事情。把我们的悲伤、抑郁、无助感和无力感都称为"压力"，似乎会在一定程度上给这些感受正名，使它们更容易被他人所接受，也因此我们更可能向他人寻求帮助，或者以某种特定的方式行事。

这令我颇为疑惑，我们是否已经忘记了，作为人类的我们来到这个世界时，已然固有了一系列情绪（虽然最初它们的形式很简单），这些情绪通常都得到了普遍的承认和认可[1]。在本书序言中，我们也曾提到，这些情绪会让我们的想法和行为带上感情色彩。这些普遍存在的情绪是喜、怒、哀、惧、恶、惊，我们通过面部表情来表达这些情绪（包括最细微的眉毛动作、嘴角弧度、鼻孔扩大或缩小），也可以通过眼睛和肢体语言表达。不过，肢体语言可能存在较多问题，因为相同的动作在不同的文化中代表着迥然不同的含义！尽管如此，一些肢体语言还是具有相似的含义，例如屈服时身体会蜷缩，这个信号是动物和人类共有的。因此，情绪表达的共同语言，特别是面部表情和眼睛注视，为人类之间的交流提供了桥梁，让我们彼此之间产生一种联结感。这意味着，即使没有人能够确切地体会到你在任何既定情境中的感受，但我们拥有的共识以及我们用以表达内心状态的外显行为，均说明我们彼此之间能够产生共情，拥有同理心。共情或同情式的理解对合作行为至关重要，并且可以防范虐待和忽视，共情能够引发我们思考情感产生的"原因"。

为什么我们会有情感

为什么我们会有上述那些情绪，以及通常由那些基本情绪通过复杂的交织而产生所有其他情绪？例如，"嫉妒"本质上是一种由对被遗弃的恐惧、对潜在损失的悲伤以及或许更明显的愤怒混合而成的情绪，其特征取决于诱发这种情感产生的特定情境。例如，当看到你爱的人正含情脉脉地看着另一个人时！嫉妒和怨恨往往源于自己"不够好"这一基本的想法，而这反过来又会掩盖因为感到不被注意和赏识而产生的悲伤或愤怒。当然，这是老生常谈，但是情绪让我们具有人情味，同样重要的是，情绪能让我们的机能正常运转。虽然这看起来可能与我们的直觉相悖，但实际上情绪有助于我们的思考更有逻辑性。如果没有情绪，我们在做决策和计划时就会遇到问题。对情绪加工相关脑区受损之人进行的研究发现，不仅思考能力，就连日常生活能力都会严重下降。这是因为我们对自己遭遇的每件事情作出反应时都会产生某种感受，从其最基本的层面来讲，环境/事件会让我们感到愉快或不愉快。作为人类，也就意味着我们倾向于重复那些让我们愉悦的经历，回避那些令我们不快的经历。这在多个层面上为人类的进化保驾护航（好吃的东西会反复吃，难吃就不会再吃了！）；但是，以愉悦为标准的明智行为也可能会对我们不利，我们发现有些令我们愉悦的东西实际上会伤害我们，比如过量饮酒、滥用药物或其他冒险行为。当然，我们将会发现，当日常生活的某方面让我们觉得无法忍受时，任何其他事情都会让我们感觉更好，那些不良的行为通常能让我们聊以自慰。大脑，作为我们所有体验的主宰，并不会为我们识别利与害；我们会在这一章的后续部分看到，它只是进行信息加工，并为我们的反应和行为提供依据。

另一个重要的方面就是我们生来就具有情感，我们的情感并不是凭空创造出来的，而是由我们所处的环境唤醒的；这种唤醒甚至开始于我们出生之前，即我们还在母亲子宫中发育的时候。[2] 这表明，确切地说，我们每个人本质上是根据自己的经历以及我们如何对它们作出反应来创造自己的独特现实的。因此，行为是我们对自己和他人的独特看法的结果，这种看法基于我们对所处环境的感受，再加入少许遗传学的因素。

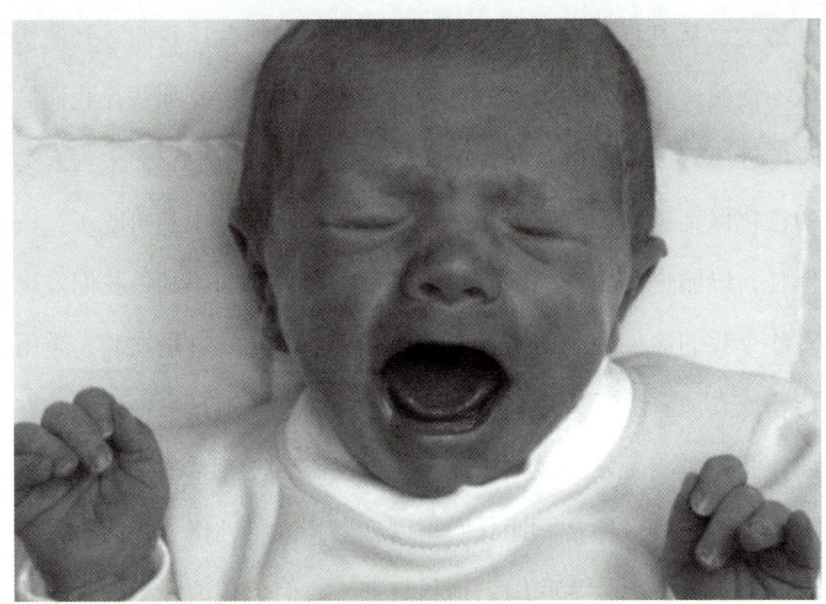

图 1.1 我们的情感是由所处环境唤醒的

唱一首童年的歌

> 我的灵魂如一支隐藏的管弦乐队;我不知道哪些乐器在我的内心弹奏,是弦乐器和竖琴,还是天巴鼓和爵士鼓,我只能把自己看作一首交响乐。[3]
>
> ——费尔南多·佩索阿

安东尼奥·达马西奥[4]曾经引用过上面这段精彩的话,它淋漓尽致地概括了我们是什么样的人,无论是儿童还是成人,都是所有发展因素在我们身上综合作用的结果,包括生理的、认知的、社会性的和情绪的因素。就像一段音乐,不管是用来歌唱还是演奏,都是由不同音符组合而成的。同样,我们的发展也是上面所有这些因素的结合。这也是为什么尽管在这套丛书中这些发展因素分别以独立的主题来呈现,但所有作者都特别强调这些因素的最终整合。以整体的方式看待发展,其价值至关重要,因为发展的这种整合性经常被随时可能流行的特定发展观点所取代。例如,"行为主义"学派似乎把人类的行为归结为一种刺激和反应系统。虽然这种观点确实有它合理正确的一面,因为我们确实会以特定的方式对刺激作出反应,并且这些反应可以在各种相似的情境中重复出现,但是它并没有解释这些反应出现的方式和原因,以及它们为什么具有可重复性。人们越来越认识到,行为主义取向不足以理解人类的行为,随之而来的是对认知发展的强调,情绪还是被远远地抛到了脑后。事实上,直到近 20 年来,当脑研究开始揭示我们大脑中的情绪回路有着重要的影响时,"情绪很重要,并非可被忽视的次要问题"这一观点才开始崭露头角。强调一种特定的思想体系或一味地执着于某一特定的理论观,也就意味着围绕儿童在不同情境中学习和调整行为的能力的问题,只是被简单地视为一种特殊"问题",而没有反思是什么力量影响了儿童对其周围环境作出那样的最终反应。

尽管如此，令人振奋的是，至少在神经科学领域（即使还未得到广泛的传播），情绪和情感影响儿童整体健康发展这一事实正日益得到认可。[5] 这一转变基于三种主要类型的研究：第一，我们的脑是如何发育的，最重要的是，哪些方面的发展在早期阶段看起来最为关键；第二，我们如何建立以及维持关系，特别是依恋的作用（依恋对人类机能的运行至关重要）；第三，我们如何学会调节或"控制"自己的行为。所有这些领域的研究都强调了早期发展的重要性，尤为关键的是，照护者对婴儿及幼儿表现出的情绪行为作何反应。艾伦·肖尔广泛引用了所有这些领域的大量研究，考察了这些领域如何结合在一起，共同形成儿童的自我价值感和自我认知，从而引导儿童对自己的经历作出相应的反应。当然，其中也对他们的学习能力进行了研究。[6]

肖尔提到的问题是：神经科学、依恋和自我调节就好像是一段旋律中的三个部分，各自独立却又不可分割。

理解脑

尽管肖尔强调脑的作用，但我们一定不要忘记，脑是我们从身体感觉中获取所有信息的"加工者"和"仲裁者"，这些身体感觉源于我们的经验，包括躯体感觉、视觉、听觉、触觉和动作。动作是我们最初的"交流"形式，正如在母亲的子宫中，我们伸展、踢腿、吮吸、吞咽和眨眼，感受我们正不断发育的身体，感觉一个温暖的水样世界——我们就生长其中。我们还可以透过母亲的肚子听到声音，特别是母亲声音的音调和音高。

我们也能听见其他人的声音，但是对于自己母亲的声音我们最为敏感。[7]因此，在本章的这一节中我们会简要介绍感觉的作用，概述脑的工作。

关于我们神奇的脑，罗宾逊总结了以下一些要点[8]：

- 脑可能是宇宙中最复杂的结构，尽管现代对解开脑运作之谜取得了巨大进步，但我们对脑的理解仍处于起步阶段。
- 思想内嵌于脑的工作中，但这个有机结构的运作到底是如何演变为我们对个体"自我"的理解这一奇迹的，迄今仍是个未解之谜。
- 人们通常认为，脑发育最快的时期大约是生命的头4年，其中个体从出生到18个月大时脑的发育尤为活跃。[9]
- 脑拥有与时间相关的发育高峰，这与个体的技能和能力的显著变化期大体一致。[10]儿童早期会多次出现这样的高峰，另一个显著的"波动"则出现在青春期。

- 脑本身是人类进化的产物，就像其他哺乳动物一样，人脑的基本结构和相关功能在很多方面与其他物种相似。

- 与早期一些关于脑发育的观点相反，"对经验作出反应的新神经联结的建立贯穿生命全程"[11]。换句话说，随着时间的推移，我们能够适应和改变思维和行为的方式。

- 脑有专门的区域来处理不同类型的信息，比如视觉、情绪、记忆、学习和听觉等；但同时它也是一个具有联合性的器官，将感觉信息和情绪信息结合起来，从而形成我们在日常生活中所经验到的"完整画面"。

- 人类的大脑在来自身体和环境的连续信息流的基础上存在，但是，过多或过少的信息都会造成这样或那样的压力或应激。

- 出生时，脑是"分化程度最低的人体器官"[12]。

- 大约从胎龄第 25 周到出生后 1 岁多一点，大脑的右半球比左半球更发达。[13] 大脑右半球似乎密切参与处理婴儿所遇到的情绪和感觉信息，并输出反应结果。

- 尽管我们的遗传基因为脑的结构、功能及其发育和成熟的过程提供了信息，但是对每个个体而言，是经验最终影响了大脑独特的"连接"方式。正如勒杜所言："在我们情绪化的生活中，先天和后天是一对搭档。"[14] 这一观点与上面的信息是相互关联的，例如，对我们每个人而言，我们对世界的理解是独特的。
- 大脑中负责协调执行功能（如计划、组织、自我监控、问题解决和排序）的区域，远比那些处理更基本功能和情绪的区域成熟得晚。
- 新生儿的大脑已经具有了"独特复杂的解剖结构，其中所有的主要系统都处于各种不成熟的阶段"[15]。

人脑是遗传信息的组合体，其组合方式在生命伊始就已经建立，并以这种方式组织各个部分。如前所述，是我们的经验"微调"了大脑不同区域间的联系。本质上，我们的大脑都是相同的，但同时又是独特的。就如同管弦乐队演奏整场音乐会一样，我们与生俱有的数千亿脑细胞，以及脑细胞基于胎儿在子宫中的活动和经历所建立的基本联结，已经让我们准备好迎接以后的各种经历，这些经历将会构成属于每个独特孩子的"交响乐"。

脑干是脑最古老的部位之一，也是胎儿在子宫中最早发育的部分；它与进化中的危险防御机制有关。例如，当新生儿感到不安或被独自放在寒冷的物体表面上时，他们通常会表现出"惊跳反射"并开始哭泣。因此，这种对潜在生存威胁的反应根植于人脑最古老、最深的层次之中。像脑干一样，大脑中另一古老的部位——人类与其他生物共有的——是一些相互联系的结构，这些结构是构成所谓的"边缘脑"或"情绪脑"的一部分，像边缘一样环绕在脑干周围（因此得名）。随着时间的推移，脑的这一部分与所谓的"思维脑"或"逻辑脑"之间的联系越来越紧密。但是，我们必须清楚，大脑这些部分之间的紧密联系，很大程度上是一个双向过程，正如我们熟知的那样，我们的情绪常常凌驾于逻辑之上。

"情绪脑"中的一个重要结构是杏仁核，它虽是一微小的区域，但与记忆、身体化学物质的产生、脑中的"逻辑"部分、感觉以及"古老"的脑干都有着密切的联系。它被证明与恐惧和焦虑之间的联系尤其紧密。科佐利诺告诉我们，杏仁核"在胎儿8个月大时就已经高度成熟，使它得以在婴儿出生前就能对刺激产生恐惧反应"[16]。将这一信息与婴儿出生后杏仁核的进一步发育，以及它在评估危险、反应和情绪方面的作用相联系，可以清晰地表明，婴儿已经为意识到任何形式的威胁"做好了准备"。因此，婴幼儿会对他们认为危险的事物产生强烈的反应。我们还必须谨记，那些对我们成人来说可能非常普通的事情，例如理发，会让婴儿或儿童感到害怕或看起来非常危险。婴儿对面部表情非常敏感，这种反应似乎是人脑与生俱来的。这有助于解释为什么婴儿可以快速对面部表情作出反应：生气或悲伤，抑或高兴或满足。此外，大脑的这些部分与负责我们的心率、呼吸和消化的脑区也相互联系。我想知道你们当中有多少人在焦虑或急于上厕所时会感到胃里"七上八下"的。这有助于理解我们对情绪的界定与我们的身体感受是怎样密切相关的。例如,想想哽咽欲泣,或者我们如何用身体部位来描述我们的困扰。诸如,"她真令人讨厌"（she is such a pain in the neck）,"感觉就像我肩上扛着整个世界"（it fecls like I am carrying the world on my shoulders）,"他对她为他所做的一切视而不见"（he is blind to what she is doing to him）,等等。同样,这些结构也与应对压力环境时荷尔蒙的产生有关,这与本章开头部分相呼应。换言之,从生命伊始,我们的脑和身体就会对我们的经历作出反应,我们也会对这些经历产生记忆。正是在这些最早的感觉记忆的基础上,我们对未来生活的反应才得以建立。总之,边缘系统似乎充当着过滤器和协调员的角色,对来自我们身体的信息流以及来自外界环境的感觉信息发挥过滤和协调的作用。

所有这一切有助于我们理解：当一名学龄儿童对某种看似具有威胁性的事情产生反应时,那些"古老的"神经系统将会被激活,这是由于他们的大脑尚未发育成熟,他们只拥有最初的能力来"合理化"他们面临的现实或潜在的威胁。

从进化的角度来看,大脑发育最晚的部分是皮层。大脑皮层的最前端发育得也最慢,额叶皮层似乎负责执行最抽象、最复杂的大脑功能，例如思考、计划、理解，以及对我们感觉的识别，即"我知道我很难过"。毋庸置疑，额叶皮层的最前端被称为前额皮质，约占人类整个大脑皮层的29%。相比较而言，狗的这一比例仅为7%。这让我们明白了脑的这一组成部分是多么重要！它似乎与我们如何管理自己的表情密切相关。艾克纳恩·戈德堡将前额皮质描述为"可能是大脑中连接最好的部分"，并且似乎与大脑边缘系统中的所有重要结构直接相连。[17]

大脑皮层的另一区域似乎与运动有关，包括我们的空间位置以及身体意象。还有一个重要区域，位于我们耳朵的后上方，负责处理听觉、语言、理解、声音以及记忆和情绪的某些方面。大脑皮层后部的枕叶主要负责视觉信息的加工。

早期经验使大脑的所有不同部分之间建立起联系，并通过这种方式塑造大脑；事实上，我们的"逻辑脑"比我们"古老的"情绪系统的发育要慢得多。如果我们将这两点联系起来就会发现，家长和照护者应对情绪的方式，会影响我们学习管理自己情绪和行为的力量及方式。[18]儿童必须学会在任何自由探索的情境中管理自己的行为。由此可见，他们需要强有力的支持，从而保证他们能够做到这一点。正如佩里指出的那样，"没有这些帮助，儿童只会长大，而不会成长"[19]。

大脑皮层分为两部分，而这两部分并不是彼此的绝对镜像。

两者之间有些生物化学上的区别，一些神经化学物质的受体在其中一个大脑半球更普遍。

同样值得注意的是，大脑左右两半球拥有不同但互补的功能。因此，尽管大脑左右两半球的结构大致对称，但它们的"注意焦点"可能略有不同。总体来看，大脑右半球倾向于负责情绪加工（特别是悲伤）、自我意识、面部识别、依恋和全局，而大脑左半球更倾向于负责事实、分析和对他人的意识，而且通常更快乐！[20]

在思考如何帮助儿童学习时，我们还需要充分认识大脑的发育突增期：在个体出生后的18个月到2岁之间，大脑右半球更具优势；而左半球大约在这段时期结束时才开始发育突增。顺便提一句，这与口头语言发展的突增有关。这些交替的发育突增一直持续到接近青春期，在此期间，大脑会经历一段时间的重大重组。处于发育突增期，脑内的化学变化，例如睡眠模式和情绪变化，都会发生，因此，这些交替出现的发育突增期，有助于我们思考什么类型的学习可能是儿童发展需求的普遍焦点。例如，西格尔认为，"3~7岁这段时期似乎对儿童获得执行注意功能极其重要，人们由此提出最好在这一时期开始对儿童进行干预的观点"。[21]有趣的是，这一建议强化了这样一种观点，即随着儿童在这一时期对他人不同想法和需求的理解不断加深（尽管仍处于早期状态，还很脆弱），他们开始能够把注意力从自身转移到他人身上。

大脑中的通路或系统是根据儿童的情绪环境而发展的。因此，一个被养育、保护、关爱并有人与其交流和玩耍的孩子，将会发展出能为幸福和情绪健康奠定基础的脑通路，强调这一点非常重要。的确，正如格哈特所言：爱确实很重要。[22]

还有一个关于脑或者说是其结构的信息也很重要，这就是小脑。小脑位于脑干的后方，拥有独特的组织，脑细胞密集。它的功能似乎与短时记忆、学习新技能、空间意识以及排序有关；此

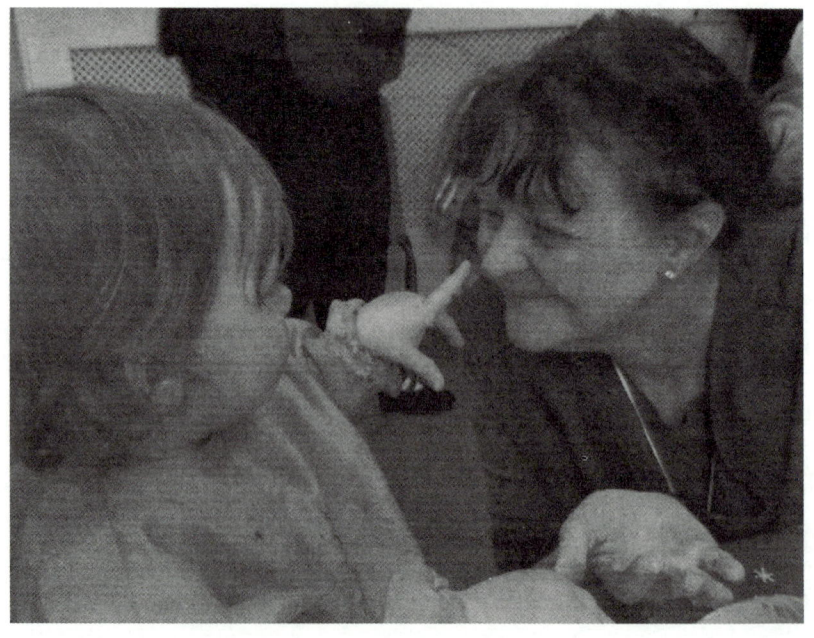

图1.2　正如格哈特所言，爱确实很重要

外，它与运动的发展和控制存在长久的关联，后者对于我们不断更新"运动如何影响学习"的理解尤其重要。[23]

婴儿刚出生时，小脑的面积虽然很大但很不成熟，在0~15个月发育最快。0~4岁这段时间，小脑的发育速度通常"比大脑皮层快"。尼克迈耶等人的研究发现，在1岁时，小脑体积增长到出生时的2.4倍，表现为婴儿的运动技能和平衡能力在此期间快速发展。[24]直到15岁，小脑才以缓慢的速度发育成熟。这并不奇怪，因为运动技能等在青春期会发生极大的变化。[25]

近年来，为我们理解脑（事实上仍处于起步阶段）提供支持且非常吸引人的进展之一是一项新技术的出现，该技术能让研究者和科学家考察活体脑成像。这为脑中存在广泛的专门区域、每个区域各有其功能这一观点提供了支持；而且，因为儿童和成人可能会用不同的脑区来完成相同的任务，这强化了大脑缓慢成熟的作用以及经验的伴随作用。[26]情绪也与大脑的成熟以及语言、认知能力、运动和对身体功能的控制相互作用。出生仅仅几个小时后，婴儿就会对高兴、悲伤或惊讶的面孔作出不同的反应，能用面部表情、声音以及肢体语言等信号来表达一般的满足和悲伤。出生后的第一年里，这些情绪会更进一步分化为喜悦、悲伤、愤怒、恐惧和厌恶。[27]一些更为复杂的情绪，诸如尴尬和羞愧等，大约在婴幼儿14个月大时才开始进入情绪的发展阶段。与此同时，伴随着一种身体所有权意识的觉醒，通过"我"和"我的"这些概念，以一种被唤起的强烈情感表现出来，这就解释了为什么这个年龄段的儿童觉得"分享"如此困难！

感觉的重要性

在考察儿童的行为，包括他们的学习能力时，需要考虑他们如何在感官层面体验自己的世界。儿童对不同类型的刺激所表现出的态度和行为有迹可循。例如，我们最喜欢的食物是什么，食物的口感对我们的食物偏好有多大影响。如果你喜欢吃薯片，你可能不仅喜欢薯片的味道，还喜欢它的酥脆口感以及咀嚼时的嘎吱声（在电影院不太受欢迎！）。如果你讨厌大米布丁，可能是因为你觉得这种食物"黏糊糊的"。我有一个朋友很讨厌土豆泥，只是因为她受不了土豆泥的软糯！这些不仅仅是成人的小怪癖，家长们对此再清楚不过了。我们的喜好与感官体验有关，包括我们的味觉、视觉、触觉，以及我们移动身体时的体验。这些反应和敏感性将影响我们如何看待新经验。老师使用的香水可能是孩子喜欢的，也可能是孩子讨厌的，这将影响孩子对待老师的方式。这些敏感性始于婴儿出生时，甚至可能是出生前。有些婴儿就像"防空洞"，即使声音大到类似狂轰滥炸，他们也没什么反应；而有些婴儿哪怕最轻微的声音都能让他们吓一跳。还有些婴儿对或冷或热、风声、厨房中掉落东西的声音很敏感。

总的来说，我们脑中的各种感觉都是由相同的电脉冲构成的，但最终却神奇地体现为不同的感觉——我们知道自己的所见、所闻和所感等都是独立的实体——以及感觉的丰富组合。例如，我们想想本书开篇时所举的例子，我们用所有的感官去体验海岸，去感受超市。对于婴儿来说，有些感觉系统比其他感觉系统更复杂，因为嗅觉和听觉在个体出生时就已完全形成（尽管还不能分辨声音来源）；视觉发育得最弱，但也足以看清人脸；而味觉仅限于四种基本的味觉体验：甜、酸、苦和咸，尽管也发现了第五种味觉体验——鲜。另一种在出生时就已完全形成的感觉是前庭觉，由中耳产生，它与身体的空间位置有关，对孩子的成长至关重要。当然，我们还会获得很多来自身体内部的感觉信息，也将影响我们体验和回应世界的方式。

例如，父母对婴儿或儿童行为的反应方式，将会为儿童随后如何组织其反应或行为提供一种"脚手架"；而这反过来，又会影响父母后续的反应。老师和其他教育实践者面对儿童时亦是如此。儿童会根据自己先前的经验对成人作出反应，成人也会给予他们相应的回应。想想前面提到的教师使用香水的例子；而且，安静的孩子面对一位热情洋溢的老师可能会不知所措，或者对冷淡的问候感到沮丧。我们的所知决定了我们是谁，而我们的经验又决定了我们知道什么。有时，我们行为的真相就是这么简单又复杂。

总　结

本章阐述了我们的脑是如何工作的，并强调了这样一种共识，即早期经验在大脑的各部分之间建立联结，后期经验可能会对这些联结进行修正，但永远无法完全消除。感觉也是通过经验和我们的情绪反应连接在一起的，这为我们如何建立自我意识和世界观提供了主要的"脚手架"。对所有人来说，这一点是共通的。文化和社会阶层、教育、信仰等也都会产生影响，但这些因素更多的是影响我们的情绪表达，而非我们是否有感受。为了理解他人，我们必须先了解自己。在下一章中，我们将考察游戏，以及对游戏的理解如何帮助我们应对儿童成长和学习的这一重要部分。

挑战和困境

- 儿童早期教育工作者需要培养一种技能，即以儿童大脑能够接受的方式教他们学习。信息太多或太少，都会给儿童造成压力或应激。
- 我们应该认识到，尽管所有的发展领域都是相互关联的，但是，婴幼儿的情绪发展对驱动其他领域的发展至关重要，这些领域包括自我意识、信任、同理心和高自尊。

参考文献

1. P. Ekman. *Emotions Revealed: Understanding faces and feelings*, London: Orion Books, 2004.
2. G. Music. *Nurturing Natures*, Hove: Psychology Press, 2011. M. Robinson. From *Birth to One, the Year of Opportunity*, Milton Keynes: Open University Press, 2001.
3. F. Pessoa. *The Book of Disquiet*. London: Serpent's Tail Books, 2010.
4. A. Damasio. *Self Comes to Mind*. London: Heinemann, 2010.
5. A.N. Schore. The science of the art of psychotherapy, Paper presented at Cambridge Emotional Wellbeing, Faculty of Education Conference, October, 2011.
6. A.N. Schore. The science of the art of psychotherapy, Paper presented at Cambridge Emotional Wellbeing, Faculty of Education Conference, October, 2011.
7. G. Music. *Nurturing Natures*, Hove: Psychology Press, 2011.

8. M. Robinson. *Infant Mental Health: Effective prevention and early intervention*. London: CPHVA/Unite, 2011.

9. J. Matsuzawa, M. Matsui, T. Konishi, K. Noguchi, R.C. Gur, W. Bilker and T. Miyawaki. Age-related Volumetric Changes of Brain Gray and White Matter in Healthy Infants and Children, *Cerebral Cortex*, 2001, 11 (4), pp. 335-342. R. Knickmeyer, S. Gouttard, C. Kang, D. Evans, K. Wilber, K. Smith, R.M. Hamer, W. Lin and J.H. Gilmore. A Structural MRI Study of Human Brain Development from Birth to 2 Years, *Journal of Neuroscience*, 2008 (19), pp. 12176-12182.

10. For an Overview of These Changes, see M. Robinson. *Development Birth to Eight*. Milton Keynes: Open University Press, 2008.

11. D.J. Siegel. *The Mindful Brain*. New York: Norton, 2007.

12. D.J. Siegel. *The Mindful Brain*. New York: Norton, 2007. D.J. Siegel. An Interpersonal Neurobiology of Psychotherapy: the Developing Mind and the Resolution of Trauma in M.F. Solomon and D.J. Siegel (eds). *Healing Trauma: Attachment, Mind, Body and Brain*. New York: Norton, 2003.

13. A. Schore. *Affect Regulation and the Origin of the Self*. Mahwah, NJ: Erlbaum, 1994. A. Schore. Early Relational Trauma, Disorganized Attachment and the Development of a Predisposition to Violence in M.F. Solomon and D.J. Siegel (eds). *Healing Trauma: Attachment, Mind, Body and Brain*. New York: Norton, 2003. A.N. Schore. The Science of the Art of Psychotherapy, Paper presented at Cambridge Emotional Wellbeing, Faculty of Education Conference, 2011.

14. J. LeDoux. *The Emotional Brain*. London: Weidenfield & Nicholson, 1998.

15. R.L. Gregory. *Oxford Companion to the Mind*, New York: Oxford University Press, 2004.

16. L. Cozolino. *The Neuroscience of Human Relationships*. London: Norton Publishers, 2006.

17. E. Goldberg. *The Executive Brain*. Oxford: Oxford University Press, 2001.

18. A. Schore. *Affect Regulation and the Origin of the Self*. Mahwah, NJ: Erlbaum,

1994. A. Schore. Early Relational Trauma, Disorganized Attachment and the Development of a Predisposition to Violence in M.F. Solomon and D.J. Siegel(eds) . *Healing Trauma: Attachment, Mind, Body and Brain*. New York: Norton, 2003. A.N. Schore. The Science of the Art of Psychotherapy, Paper presented at Cambridge Emotional Wellbeing, Faculty of Education Conference, 2011. B. Perry. Applying Principles of Neurodevelopment to Clinical Work with Maltreated and Traumatized Children in N. Boyd Webb (ed.). *Working with Traumatized Youth in Child Welfare.* New York: Guildford Press, 2006. J. Panksepp. *Affective Neuroscience*. New York: Oxford University Press, 1998. M. Sunderland. The Science of Parenting. London: Dorling Kindersley, 2006.

19. B. Perry. Applying Principles of Neurodevelopment Go Clinical Work with Maltreated and Traumatized Children, in N. Boyd Webb (ed.). *Working with Traumatized Youth in Child Welfare.* New York: Guildford Press, 2006.

20. L. Cozolino. *The Neuroscience of Human Relationships*. London: Norton Publishers, 2006.

21. D.J. Siegel. *The Mindful Brain*. New York: Norton, 2007.

22. S. Gerhardt. *Why Love Matters: How Affection Shapes a Baby's Brain*. London: Routledge, 2004.

23. A. Berthoz. *The Brain's Sense of Movement*. London: Harvard University Press, 2000. S. Goddard. Reflexes, Learning and Behavior. Oregon: Fern Ridge Press, 2nd edition, 2005.

24. R. Knickmeyer, S. Gouttard, C. Kang, D. Evans, K. Wilber, K. Smith, R.M. Hamer, W. Lin and J.H. Gilmore. A structural MRI Study of Human Brain Development from Birth to 2 Years, *Journal of Neuroscience*, 2008(19), pp. 12176-12182.

25. S. Goddard. *Reflexes, Learning and Behavior*. Oregon: Fern Ridge Press, 2nd edition, 2005.

26. M.H. Johnson. Functional Brain Development in Humans: Nature Review,

Neuroscience, 2001(2), pp. 474-483.
27. R. Soussignan and B. Schaal. Emotional Processes in Human New-Borns: a Functionalist Perspective in J. Nadel and D. Muir(eds). *Emotional Development*. Oxford: Oxford University Press, 2005. L. Cozolino. *The Neuroscience of Human Relationships*. London: Norton Publishers, 2006.

第 2 章

游戏、模仿和探索：
发展的工具

游戏之重要，就如演奏一段旋律的乐器一样。如果没有各种各样的游戏，儿童发展的这首交响乐就无法实现。

在第 1 章，我谈到发展有点儿像由三个部分组成的和声，大脑和各种感觉提供了其中一段旋律。我认为游戏之重要，颇有点像演奏这段旋律的乐器一样。我希望这样说不会显得过于异想天开，但是，如果没有各种各样的游戏，儿童发展的整首交响乐就无法实现。

因此，在本章中，我们将讨论游戏和游戏经验是如何让儿童探索自我和周围世界的，以及游戏如何能让儿童以一种安全而又具有挑战性的方式获得新知识。另外，本章还将讨论模仿，模仿是人类行为的基本组成部分，它为儿童的早期学习经验提供了一个平台，他们日后更复杂的游戏和学习可以在此基础上随时间的推移而发展。

游戏的发展作用

谈及游戏，我们要意识到游戏与儿童成长过程中的整体变化之间有着紧密的联系，这一点非常重要。例如，婴儿选择的游戏类型，与你观察到的 3 岁幼儿玩的相对复杂、高级的游戏，或 6 岁儿童热衷的规则游戏，是截然不同的。但是，不论儿童的年龄大小以及选择什么类型的游戏，这个过程都是双向的。也就是说，当儿童游戏时，他就是在学习；当儿童学习时，会对其某些方面的发展产生影响，诸如坚持性和专注力。反过来，这些能力又与儿童的情绪、行为和一般的沟通技能密切相关。某种程度上，不快乐、焦虑或恐惧的儿童倾向于要么不玩自由游戏，要么就玩"机械式的"或重复性的游戏。动物亦是如此，悲伤的动物不会去玩耍，但是，如果你在网上看到一只小象在海中玩海草，你就会见证动物玩耍以及探索周围环境给它们带来的欢乐。我记得几年前曾观察到几只黑猩猩在水池里玩耍，这个水池的部分围墙是沙土材质。[1] 这几只黑猩猩在这段围墙上挖了个小洞，然后它们都看着水源源不断地涌入小洞，直到水"消失"。因为我看得太入迷了，最后我丈夫不得不把我拉走！所有的动物都会玩游戏，但正如我前面所说，那些处于悲伤中的动物不玩游戏，同样，身处悲伤情绪中的婴幼儿也不玩游戏。这让我很好奇，同样的原则是否也适用于年龄更大的儿童和青少年？如果孩子们感到焦虑或烦恼，他们会觉得很难从校园活动中找到任何乐趣（更不用说课堂活动了）。这可能导致他们尝试酒精和毒品，或出现破坏性行为，或沉迷于电子游戏，以此来"逃避"校园活动。在我看来，这些行为与伤心和焦虑的儿童玩那些机械式的、重复的游戏相关联。

然而，再回到对婴幼儿的讨论，对游戏的这些反思引发我们

图 2.1　某种程度上，游戏对儿童有绝对重要的意义

进一步的思考。鉴于游戏的本质，以及游戏似乎是人类和动物幼年发展过程中的重要活动，某种程度上，游戏对儿童有绝对重要的意义。这表明，儿童早期教育工作者需要认识到，通过观察游戏中的儿童，他们得以对儿童有很多的了解，这一点非常重要。例如，儿童游戏的方式，不仅能让我们了解儿童游戏发展的实际水平（可能与其实际年龄有很大差异），还可以了解儿童游戏时所展现的个性和气质。例如，他们是否在游戏过程中表现出好奇心、坚持性或乐趣？

作为研究的一部分，我考察了自闭症儿童和学习困难儿童的游戏质量。我发现，特别是自闭症儿童的游戏水平，与他们在更正式的评估方法中表现出的能力水平有很大差异。这让我怀疑，对于自闭症儿童，早期教育工作者采用的一些吸引他们参与的方法是否真的"适合他们的年龄"？

对所有的儿童早期教育工作者而言，不管他们的角色是什么，游戏都是观察和了解儿童世界的丰富资源。实际上，游戏的地位绝不能被削弱，游戏和探索的机会不应被视为儿童用来"打发时间"的某种形式，而应是儿童日常活动不可或缺的一部分，这一点非常重要。这样可以确保儿童能发展他们的游戏能力，并在探索周边环境、了解周围事物和他们自己的行为以及他们如何发展自己的理解力等方面，变得越来越自信。所有这一切，无时无刻不在发生。当然，通过游戏，儿童还将学习交流和互动，学习那些他们想要的或能够自己做的事情。不管儿童的年龄和成长背景如何，通过观察游戏中的儿童，我们可以获得潜在的丰富信息。让我感到悲哀的是，这种对儿童的观察，并没有更多地被用作一种重要的、透过它去真正了解儿童对所处世界及其周围人的理解之手段。

在把话题转到游戏的类型之前，我想在这里提一下，游戏活动的一个特殊方面也发挥着重要的作用，那就是模仿。这是因为，从婴儿到成人的人类行为，模仿在其中都发挥着强大的作用。在这一阶段，模仿不仅同样重要，而且也更加微妙。例如，你是否注意到，那些在情感上非常亲密的人之间，通常会无意识地模仿对方的肢体语言，彼此身上都有着对方的影子？父母也常会本能地模仿其孩子的嘴部动作、表情和身体动作，因此，婴儿通过对他们所看到的面部表情的生理和情绪感受获得反馈。再例如，父母通常会满面笑容地对婴儿说"笑一个"，如果这时婴儿用微笑来回应父母，那么父母的喜悦、大笑、点头和睁大眼睛等信息，就会为婴儿提供巨大的反馈，于是乎，婴儿也会笑得越来越多。婴儿不仅能感受到自己的面部表情，还能感受到这种美妙的体验是什么感觉，于是婴儿便会不断地通过挥动胳膊、踢腿等肢体动作，进一步地表达其喜悦——多么可爱！然而，这不仅令父母和孩子感到高兴，婴儿也正在深入地学习作为人类的我们如何表达自己的快乐和幸福，所有这些都是通过游戏情境中美妙的模仿艺术来实现的。这有力地表明，模仿能力对人类的发展至关重要。由于个体出生后最初几个月的模仿通常发生在游戏情境中，且游戏跨越了物种界限，因此，游戏本身可能也是一种与生俱来的、基本的发展成分，从而进一步将儿童的游戏能力确立为我们观察的一个重要领域。

如果进一步思考，我们就会开始了解，那些对自己动作和表情的有趣模仿，以及一些游戏性活动，诸如轻轻地挠痒痒、摇来摇去、颠上颠下以及把婴儿的注意力转移到他人、玩具和宠物等刺激上，是如何开始组织婴幼儿的经验，从而让婴儿将不同的重复性动作与他们的个人感受和情感联系起来的。换言之，父母、照护者和儿童早期教育工作者常会直觉地利用模仿和游戏，结合养育活动与孩子建立联系。这些活动的目的本是为了娱乐，反过来又有助于激发婴儿的好奇心和探索欲。这种互动，以及伴随而来的成人和婴儿的微笑和欢笑，创设了一种非常积极的情绪情境；这种游戏也常常出现在喂奶、洗澡和换尿布等养育和照护活动中。许多母亲在给孩子喂奶时会对他们微笑、说话或唱歌，在给孩子换尿布时会往其肚皮上轻轻吹气。可以看出，婴儿的很多经验都旨在提高满足感，减少痛苦和不适。

游戏的不同形式

众所周知，早期的游戏类型之一是"玩东西"（object play），这类游戏常见于婴幼儿的活动，在前面提到的动物例子中也包含这类游戏：小象玩海草，黑猩猩玩水和沙子。这类游戏都围绕"我能用它做什么"进行，并引发宝宝许多的探索行为，比如摸一摸、敲一敲、咬一咬，等等。然而，更早的问题是"它是什么"，这类探究性或启发式游戏，有助于把"它是什么"与"我能用它做什么"两个问题结合起来。《牛津词典》将"启发式游戏"（heuristic play）定义为"一种教育体系，在这种体系下，学生经过训练，能够独立发现问题"[2]。例如，观察宝宝探索一把木勺。宝宝在探究它的质感、重量、形状以及味道（可能不太好吃）。宝宝挥舞着勺子，突然间，发现勺子可以用来舀东西；或者成人假装用勺子吃东西，以此来示范勺子的用途；成人也可以给这个物品命名。于是，慢慢地，宝宝开始联想到这一类的物品也有一个名字。在这样的日常活动中，不经意间，宝宝也知道了他自己的名字，以及所有宠物的名字。人和动物都有名字，他们生活环境中的各种东西也都有名字，这一事实有助于婴儿开始深入了解所处的世界。

如前所述，这种早期的探索类型结合了"它是什么"与"它能做什么"的问题。当你观察一个稍大点儿的孩子沿着地板滚动玩具车,把积木块装进小卡车,或者用不同大小的积木搭建复杂的结构时,该过程意味着随着"我能用它做什么"这一问题变得越来越复杂,游戏又向前推进了一步。当儿童拥有能够搭建、拆除和重建的资源时,这些资源支持游戏发展成为一种更复杂的探索,这也是积木如此奇妙的原因,因为它们全部可以搭建在一起然后再被推倒!

人们观察到的另一种游戏类型是运动游戏(locomotor play),这种游戏对于人类和动物来说都很常见。运动游戏,顾名思义,就是与运动或移动有关的游戏,包括所有奇妙的跳跃、蹦高、扭转、翻跟斗、追逐、翻滚等活动。当然,舞蹈包括了所有这些动作,儿童舞蹈最初的灵感源于这一类型的游戏,所以一个孩子随着音乐跳舞也能拓展他们的动作技能。想一想热门电视节目《舞动奇迹》里的一些舞蹈动作,思考一下你观察到的儿童做出的旋转、单腿站立(一种出现较晚的复杂动作)、翻滚等动作。体操运动员也会展示出一些惊人的动作技能,但是,如果从小没有自由运动的机会,我怀疑他们与生俱来的运动潜力能否得到实现。这类游戏课程都有发展目标,一些研究者认为,对动物来说,跳跃有助于它们了解必须经过的地面类型。这也适用于人类,因为一旦孩子学会走路,他们就需要掌握在不同的路面上行走的技巧，并知道在哪里走和跑是安全的。这类游戏也有助于提高儿童的平衡技能，因为荡秋千、旋转等可以帮助儿童了解其在空间中的位置。仅是把一只脚放在另一只脚的前面，就需要很好的平衡技能。尝试把一只脚放在另一只脚的前面站立（两只脚都不能有一丝向外），试试看保持双腿笔直而身体不摇晃会有多难。顺便提一句，有关老鼠的脑发育和游戏之间关系的研究表明，游戏与小脑中各种联结的增长存在明显的关系，这一发现为游戏如何促进运动质量提供了支持。奥尔指出，身体残疾的儿童参与或被鼓励参与运动的可能性非常小，这就是为什么很多特殊教育学校无论条件多么有限，也会为儿童创造进行翻滚、滑行和支持性身体活动的机会，包括舞蹈。[3]

我们不能忽略运动游戏的社会意义。在之前的作品中我曾提到，西田列出了一种动物的社会性运动游戏，类似于儿童的嬉戏打闹。他是这样描述一只黑猩猩幼崽的："它爬上树，后面跟着一只或几只同伴，它们悬挂在树上……从树上跌落下来，或者跳跃到地面上……它们一遍又一遍地重复着整个过程。"[4]这段描述中模仿的成分非常多，我确信，很多教育工作者已经从人类儿童身上目睹了完全相同的游戏类型。遗憾的是，尽管西田的开创性工作强调"嬉戏打闹"的重要性，将其描述为"大脑快乐的源泉"，但这类游戏有时被认为具有攻击性或太粗鲁而被禁止。[5]尤其是对许多男孩而言——我绝对不会为这种泛论道歉——这类游戏是他们成长过程的重要组成部分，不可或缺；这类游戏能让他们从根本上了解与同龄人相比他们有多么强壮（或弱小），还能知道这种游戏可以玩到什么程度。后者在动物研究中也曾被提到，动物会学习何时以及如何使用它们的力量和调整它们的游戏，以免伤害群体中的弱小成员。举例来说，我曾观察过我的宠物狗们玩耍时的情景，年幼的那只会调整自己的动作幅度，这样年长的那只就不用东奔西跑；而年长的那只由于体重重很多，当它俩在地上打闹时，它会本能地避免滚压到那只弱小的同伴身上。

同性别游戏（same-sex play）出现在年龄稍大（六七岁）的儿童中，这或许表明这种游戏在帮助不同性别的儿童培养社交和身体技能方面有着重要的作用。很多女孩不喜欢参加相同类型的身体游戏，但肯定会喜欢舞蹈或平衡游戏，还有荡秋千。跳绳似乎一直是一项吸引女孩的活动，诸如"跳房子"这类游戏有利于训练平衡。与男女生混合的群体游戏相比，这个年龄段的女孩似乎更喜欢和其他女孩一起玩，或许这也说明，允许儿童玩自己选择的游戏很重要。男性和女性，各自都会用特定的方式来构建其社会性运动游戏，没有好坏之分，两者都是儿童发展的关键部分。

表现形式最高级、最复杂的游戏，可能出现在儿童开始能够假装和想象之时，于是，假装游戏（pretend play）出现了。顺带提一下，假装和想象也有助于以后的阅读和写作发展。因为能够想象，意味着儿童能理解"在你大脑中"看到的某些东西，换一种更正式的描述就是儿童具备了理解符号表征的能力。我现在要思考的是，有哪些先于更复杂的幻想、想象和角色扮演游戏出现的能力和技能？有意思的是，这些技能和能力的出现都遵循相似的发展时间范围，构建了一幅奇妙的"拼图"，当这些拼图拼在一起时，也就是儿童可以用更复杂的方式去游戏的时候。这些能力逐渐发展的时间范围是在出生后的第二年。但是，我们须谨记，就像行为一样，没有哪一种能力会简简单单地出现，都是建立在那些已经发生的学习经验、情绪、社会互动、交流和生理发育的基础之上的。我们还须谨记，正是所有这些经验的质量和一致性将影响这些新能力实际发展的方式。例如，一个很少有人与其说话的孩子（除了被大声呵斥），与一个被关注、关心且有人与其交流和玩耍的孩子相比，会在以后几种发展类型上具有不同的水平。

在儿童出生后的第二年，我们可能会注意到以下几点：

- 表达喜欢和不喜欢，诸如不同的口味、对一些服装的感受等。
- 开始理解他人的感受，如给某个伤心的孩子送上一个玩具。
- 儿童模仿成人行为的水平，以及儿童相互之间交流的方式，都有一个突飞猛进的发展。观察那些正在观察别人的孩子，看看他们都做了些什么。

- 开始理解目标导向的行为，换句话说，儿童开始理解成人想让他们做什么，并能遵循一些非常简单的指令。
- 开始出现口语交流。
- 作为个体，自我意识增强，例如能认出镜子中的自己。

除此之外，对儿童来说，若想能够玩假装游戏，就必须理解现实世界中客体的特性，以及它们在许多不同情况下的可靠性和一致性；正如所有事情一样，这类知识从生命的最初就开始了。例如，儿童已经了解到（希望如此），某些面孔、气味和触摸形式与他们生活中的照护者有可靠的联系。当然，有趣的互动和养育，有助于儿童对成人及其周围事物之图像的形成和发展。给予儿童触摸、感知、嗅闻、品尝和探索其世界的机会，也有助于他们逐步理解（几个月的时间）某些一时看不见的东西其实一直存在。使儿童逐步认识到，一个物体可以被移动，然后可以在另一个地方找到它。所以，当成人和婴幼儿玩"藏猫猫"（peek a boo）游戏时，就是在本能地帮助婴幼儿了解一件东西能够出现，也能够消失，其实仍是同一件东西；成人把东西藏起来，又把它们"变"出来——这一切，都有助于婴幼儿学习关于这个世界最基本的概念。你能想象，如果我们不确定一张桌子的硬度，每次用的时候都必须去确认，那将会是怎样的景象！所以，当你思考儿童的假装游戏能力时，如果他们不确定木块和蛋糕各自的特性，那么他们一定不会把木块想象成蛋糕。他们知道木块并不是蛋糕，但是，他们能把它假想成蛋糕，并且假装去吃它。

不过，有很多假装扮演似乎介于模仿和更复杂的表征之间的中间状态，即用一种东西替代另一种东西，也就是儿童用一部真电话假装在和父母或朋友通话，或者在游戏情境中躺下来、闭上眼睛，假装睡着。

我们通常理解的儿童的假装游戏是指，他们使用玩具或游戏材料是为了拓展游戏，这种游戏也允许用一种东西代替另一种东西——从字面上理解，即再现。有意思的是，这么小的孩子在真实世界中玩假装游戏时并不会感到困惑，相反，他们似乎能够在真实世界和假装世界之间毫无障碍地来回切换。1987年，艾伦·莱斯利曾写过一篇名为《假装与表征》[6]的开创性论文，详细阐述了这个事实。他提出一种理论，即儿童能够以某种方式"分离"这些经验；他还提出了三个问题，他说这三个问题能够识别出儿童是真的在进行假装游戏，还是用道具简单地模仿成人的行为。以下任何一个问题都能表明儿童是否在假装：

- 能否用一个物体代替另一个物体？例如，把木块当作蛋糕或者把木棍当作魔杖。
- 某个物体或情境是否被赋予一种假装的属性？莱斯利给出的例子是，如果儿童说他们的洋娃娃的脸很脏（其实是干净的）。
- 当某个客体不在眼前时，儿童是否会说该客体就在那里？例如，儿童说某个空罐子里有牛奶，然后把牛奶"倒"出来。

思考假装游戏的水平是一件很有趣的事。虽然是假装游戏，但是，与儿童假装去吃一块用木块假想的蛋糕相比，"假装去吃一个塑料苹果"则处于一种更早期或更简单的水平。这是因为，儿童知道塑料苹果并不是真的，因此只是假装去吃它；同时，儿童知道塑料苹果是什么，它代表儿童真正能吃的东西。这种较简单的表征被称作实物游戏，通过这种表征，儿童使用真实物体的复制品来支持他们的假装游戏，例如，玩具茶具、洋娃娃，等等。当然，这些东西也可以成为想象游戏的一部分，就像儿童在一个精心创编的故事中用这些东西作道具一样，故事中的动物也有自己的角色特征，会发出不同的声音，有不同的冒险活动。

在出生后的最初几个月甚至几年里，儿童一直在观察和注意着成人：他们在各种情境中都做些什么，他们如何跟人打招呼，吃饭时会发生什么，等等。这一切都意味着，通过这种对日常活动广泛的观察和模仿，儿童能够进入自己的"拟真"意识形式中。例如，我用勺子在空锅里搅拌，好像这口锅里真的有什么东西在被搅拌一样。

假装游戏的另一个奇妙之处是，儿童似乎能理解另一个孩子正在玩假装游戏，并且会加入其中。例如，儿童几乎不需要任何道具，就能扮演海盗或公主。海盗船和宝剑、王冠和公主裙只是存在于儿童的脑海中，儿童对它们有完全的理解。虽然是无形的东西，儿童用他们心灵的眼睛仍能清楚地看到它们。莱斯利和其他研究者想知道，当儿童能够做到这一点时，为什么他们会花费如此长的时间才能理解别人可以知道一些与他们所知不同的东西，即所谓的"错误信念"。人们经常使用的著名范例是，在一个房间里，给一个小孩子呈现一个糖果罐，然后问他里面是什么。这个孩子会想当然地说是"糖果"。当糖果罐被打开后，孩子发现里面没有糖果，而是一些令人厌烦的铅笔头。接下来询问孩子：如果有人走进这个房间，看到这个糖果罐，他们会以为里面是什么。大多数儿童到了4岁或4岁多一点时，才会肯定地说里面是"糖果"；而4岁以下的儿童则会说是"铅笔"，因为他们知道这个罐子里装的就是铅笔。这让莱斯利很困惑，他想知道，这是否仅仅是因为儿童需要通过假装游戏中的不同角色和想法来练习，这样他们就能逐渐理解认知的复杂性，即一个人拥有不同于

第 2 章 游戏、模仿和探索：发展的工具

图 2.2 认知的复杂性

其他人的想法。

我们再回到"想象"这个话题上，假装游戏有利于儿童不断加深对他人想法的理解的另一面是：儿童有着强烈的扮演他人角色的热情。在假装或想象游戏中，儿童模仿成人在家时的常用短语、行为和态度（有时更多是针对他们的沮丧），在此基础上，

随着他们的游戏变得更加自主，背景更加广泛，包含更多的角色和情境，他们可以继续在游戏情境中加入自己的"转折"。你可能已经注意到，一般来说，3 岁儿童的思维强烈而准确地专注于自我的锻炼，其基础是"自我"的实现和 2 岁儿童坚定或执拗的天性。然而，幻想和角色扮演的机会赐给我们的另一份礼物是，儿童会扮演不同的角色，如医生和护士、孩子和家长、狗和其他宠物、公主和超人以及公共汽车售票员和乘客，所有这些角色以及他们扮演的其他角色，会让儿童以某种方式跳出他们原本的身份，尝试另一种存在方式。它是将真实的客体和想象的客体进行"解耦"或"脱钩"，进而拓展到这一过程的一个抽象版本上。我强烈建议，这种类型的想象游戏是理解他人心智、思想及情感的必要先决条件，因此，这一领域的延迟发展、功能障碍或缺少游戏机会，都有可能破坏这种基本能力的质量和发展程度。

我们必须记住，游戏（无论哪种水平）也涉及儿童的情感。雅克·潘克塞普曾在多年研究成果的基础上撰写了一本好书，他强调游戏是"哺乳动物大脑的主要情绪功能"，考虑到游戏跨物种的存在和持久性，这种观点是合乎逻辑的。他指出，游戏必须是令人愉悦的，否则没有哪个物种愿意做这种事；此外，动物的恐惧和饥饿等情绪"能暂时中断游戏"。例如，年幼的黑猩猩"被隔离几天后……变得很沮丧，即使是与同类重聚，也很少表现出游戏状态"。通过比较发现,人类儿童在心烦或害怕时,游戏能力也会下降。[7]

这些发现以及潘克塞普所引用的许多针对其他动物的研究,都一致地强调游戏能力依赖于一种温暖且安全的环境基础,并且需要父母的充分参与,当然,也包括其他成人照护者。尽管成人不应该接管游戏,但他们一定要对当前进行的游戏保持敏感和了解,并在必要时能提供支持。这是一项真正重要的技能!

和语言的联系

哈里斯对语言和想象进行了大量探讨,并描述了语言和假装游戏的依次出现是如何建立在儿童创建情境模型的能力之上的[8]。他认为,儿童通过模仿成人行为来练习创建情境模型的能力。在假装游戏中,儿童能够创造语言,包括他们做过什么以及将要做什么,儿童的思维可以在过去、现在和将来之间转换,当然,这也有助于儿童理解时间。儿童经常重现的许多是他们小时候经历过的情境,因此,情境重现也是体验一段随时光流逝的故事。当然,讲故事对他们有帮助,尤其是那些习惯以"很久很久以前"开始并以"他们从此幸福地生活在一起"结束的童话故事。这样的故事带给儿童一些现在不存在,但曾经(过去)和将会(未来)存在的东西。童话故事通常也能让儿童的基本恐惧用一种积极的方式得以安全地消除。令人遗憾的是，有人认为童话故事的政治立场不正确，而实际上许多文化中都有类似的童话故事。过去的智慧——认识到儿童确实存在恐惧，并需要妥善解决——可能会遗失。儿童也需要理解故事和游戏中的连贯性，这样他们以后才能理解自己的故事。伴随语言能力的爆发，儿童回忆发生在这一时期的更多过去事件的能力不断增强，只有儿童理解故事和游戏中的连贯性，这种回忆能力才能够与在游戏中获得的所有这些技能的实践机会之间建立联系。对儿童读写能力发展和阅读水平的密切关注表明，关于如何支持读写能力的知识对于儿童早期教育工作者为儿童提供支持也是至关重要的。

总　结

富有想象力地玩游戏可能是游戏能力中最有趣、最复杂的一面。通过游戏，儿童从"活在当下"，转变为不仅能不断精细和拓展他们的日常经验，而且还能融入他们所创造的世界。这就为他们提供了"试验"自己能力的机会，尤其是让他们认识到自己可以在一定程度上控制做什么、如何做。他们会创设一些游戏场景，如海盗船、童话城堡或狗窝，决定谁扮演什么角色，也许还会负责游戏过程或学着开始谈判，并在其他人不想扮演某个特定角色时，学着应对因此而产生的挫折感。这对儿童的情感成长和福祉是多么珍贵且必要！各种形式的游戏有助于儿童实践如何与他人相处，了解自己并拓宽自己经验的界限。

最后，最重要的还是儿童，无论是哪个年龄段的儿童，成人都应该为他们提供具有发展适应性的游戏材料，给予他们探索周围世界的游戏机会。这一点可以通过儿童的自发游戏或成人的支持来实现，成人可以给儿童讲故事，通过故事激发儿童的想象力，然后让儿童表演并发展故事的主题。

必须承认的是，儿童玩游戏并不需要大量且昂贵的道具。在户外探索树叶和树枝的经历可以变成奇妙的故事；在水坑里踩水有助于儿童了解水和湿度（以及体验慢慢变干这种过渡所带来的令人愉悦的舒适感）。不过，角色游戏区需要有一些静态的元素，因为儿童也需要一些常规和连贯性（这可能有点矛盾），这样他们才会感到足够安全，让他们的思想自由驰骋。改变角色游戏区，或拿走一些儿童可以在各种情境中反复使用的基本道具，如柔软的玩具、平底锅、一些碗、小毯子、大小不一的盒子和帽子，这会让很多儿童感到烦恼和困惑。

儿童能够通过游戏了解很多东西——了解自己，了解周围的人，了解他们那个独特的世界。因此，为了所有儿童的健康成长，让他们自由游戏吧！

挑战和困境

- 认识到游戏是一种双向的过程，即当儿童游戏时，他们就是在学习；反过来，这种学习也会影响他们的游戏类型和水平。布鲁纳的螺旋式课程论证了游戏和发展之间的这种相互作用。
- 为了让儿童得到有效的发展，游戏需要提供丰富的学习经验。这样，儿童将会表现出一系列有效学习的特征，诸如好奇心、坚持性以及乐在其中。

参考文献

1. This was at the Monkey Sanctuary in Dorset. Much of their work has been filmed and can be seen on some of the many Terrestrial TV Channels.
2. E. Goldschmied and S. Jackson. *People under Three*. New York: Routledge, 1999.
3. R. Orr. *My Right to Play*. Maidenhead: Open University Press, 2003.
4. T. Nishida, J. Mitani and D. Watts. Variable Grooming Behaviors in Wild Chimpanzees, *Folia Primatologica*, 2004, 75 (1), pp. 31-36.
5. J. Panksepp. *Affective Neuroscience: the Foundations of Human and Animal Emotions*. New York: Oxford University Press, 1998.

6. A. Leslie, Pretence and Representation: the Origins of "Theory of Mind", *Psychological Review*, 1987, 94 (4), pp. 412-446.
7. J. Panksepp (ed.). *Advances in Biological Psychiatry*, Vol. 2. Greenwich, CT: JAI Press, 1996.
8. P.L. Harris. *The Work of the Imagination*. Oxford: Blackwell Publishers Ltd, 2000.

盼你长大,又怕你长大。
希望你别总是找妈妈,
又担心你不再找妈妈。

第 3 章

学会安全，学会学习，做有教养的从业者

从事儿童教育工作，不仅需要关于发展的丰富知识，还需要一双善于观察的眼睛，并且愿意超越或突破我们的反应和态度，去思考不同的情况对儿童意味着什么。

本章旨在帮助早教从业者理解儿童可能会以何种方式接近或逃避学习机会，并探讨儿童在其所处环境中感到身心安全的基本需要。在本章中，我也将反思儿童的早期经验将如何影响他们对不同的人和不同的环境做出特定行为。这也是希望让作为从业者的你，以富有同理心的理解来思考你所照护的儿童。你所照护的儿童将会表现出一系列不同类型的行为，包括那些难以融入活动或面对支持表现出退缩或过度焦虑的儿童。重要的是我们须谨记，任何行为都不是无因而生的，我们所有的人，包括儿童及其照护者，产生的行为都是有原因的。

将我们的行为与感受联系起来

从根本上说，任何一个儿童在活动中的专注力和毅力，都与他们对该活动的感受密切相关，只要想想你对自己想做或不想做的事情的反应就明白了。你是热切的、充满兴趣的、高兴的，还是感到不情愿、害怕自己可能无法应对？和你一样，儿童的反应取决于他们的经验以及周围的人对他们的态度。虽然我们经常能清楚地意识到自己对日常生活中必须做的事情的感受，但是我有时会想，我们是否充分考虑了儿童对其所处环境的感受，因为是我们成人将儿童置于了该环境之中。赶紧补充一句，这并不意味着我们要放任儿童做他们想做的事情，我的意思是，我们需要充分理解反应是建立在经验之上的，即使是很小的孩子，也会有多种积极或可能消极的经验，而所有这些经验塑造了儿童的整体性格。我指的是，儿童在你面前如何表现，他们如何行事和反应，如何对其他儿童和成人作出反应，当父母和其他亲属或照护者满足他们的需求时，他们会如何表现，又会做些什么。从事儿童工作不仅需要有关发展的丰富知识，还需要一双善于观察的眼睛，愿意超越或突破我们自己的反应和态度，去思考这些情况对儿童意味着什么。如果我们承认儿童也和我们一样，会对不同情况作出不同的情绪反应，那么我们就可能会去思考在特定情况下的最佳反应方式。例如，如果我们知道外出会诱发一些儿童的焦虑，这意味着我们必须要思考其背后的原因。可能是因为他们觉得外面其他儿童太吵闹了，或者不得不与年龄大的儿童共享游戏场地。这也表明，这些儿童需要更多的时间和适当的支持，以便了解他们可以自己一个人或与其他伙伴安静地玩耍，或者学习在他们感到不知所措时的应对之策。只会"哄孩子开心"是照护者最糟糕的做法！

儿童早期教育工作者需要有意识地对自己的方法进行反思，并保持自信。同时，这也意味着早教从业者需要对自己的恐惧、喜好和厌恶有一些洞察。后面我们将会对此详细讨论。

迈向安全的第一步

为了思考什么因素会影响儿童的一般行为、动机和态度，我们要提一个问题：是什么为这些特质提供了基础？一种答案是：我们的安全水平。从这一角度出发，我们就必须思考安全水平究竟意味着什么，因为安全或感觉安全有许多维度，从非常深刻的情绪意义到身体的安全感。当然，前者最初产生于后者。

也许关于童年的一个经久不衰的说法是，我们对自己人生最初几个月甚至几年的经历几乎没有记忆。当然，凡事都有例外，人们偶尔也会记得他们婴儿期或学步期的一些特定事件，有时甚至会记得他们的出生经历；但总体来说，我们对那些时间的记忆要么是不存在的，要么充其量是零星的、片段的。然而，即便我们不能清晰地回忆起我们最初那几年的经历，但这并不意味着我们不记得。这一矛盾的关键在于记忆有多种形式。

记忆的类型

从本质上讲，我们有两种记忆：短时记忆和长时记忆。短时记忆通常又称为工作记忆。长时记忆又分为两类：外显记忆和内隐记忆。外显记忆又称为陈述性记忆；内隐记忆又称为无意识记忆，包括程序性记忆。简单地讲，记忆的意义在于，正是因为我们拥有了长时记忆，我们才能谈论过去；并且长时记忆包含了那些在我们完全无意识的情况下大脑所加工的一切信息。有趣的是，长时记忆还包括所谓的程序性记忆，即关于我们如何做事的记忆。更有趣的是，即便人们因为创伤或疾病丧失了短时记忆或长时记忆，他们仍然可以学会某项技能，或是记住如何系鞋带，如何编织衣物，抑或是哼唱一首熟悉的歌曲。例如，这种能力有助于我们理解即便患有严重的失智症，可人们仍然可以对儿时听过多遍的音乐作出反应并跟着哼唱；而且，这的确也为我们提供了一种方式，以便对某个似乎完全迷失在自己特定世界中的人做深入的了解。尽管我们可能需要有意识地努力去记住一段舞步、玩一种游戏或开车，等等，但是一旦我们学会了一种技能，它就会变得程序化，我们就可以同时做一些其他的事情。想一想一个宝宝蹒跚学步时所付出的努力，以及他／她的整个身体如何学习一种新的体验世界的方式。例如，学会站和向前走，以便躲避障碍物；学会平衡，以便适应在不同的地面上行走。现在，请反思这样一个事实，你不必去想如何走就可以自动地做出这一动作，只有当某些事件影响了你的四肢、肌肉、平衡或视力时，你才必须重新学习如何向前迈步。只有当儿童熟练地掌握了"走"这种技能（因此保存在他们的程序性记忆中）时，他们才可以在走路的同时做其他事情。明白了这一点，有助于我们理解那些出于这样或那样的原因而学步困难的儿童表现出的笨拙动作，或者为什么简单的走路和拿东西对于儿童而言需要付出如此巨大的努力，需要如此地集中精力和注意力。

在继续往下讲之前，我还想提一下工作记忆与外显记忆和内隐记忆。这些特殊类型的记忆有助于我们把过去和现在联系起来。工作记忆是我们当下经验的主线，那些导致人们丧失工作记忆的创伤有助于我们理解该丧失带来的毁灭性影响。例如，如果没有了工作记忆，我们将会成为"当下"的奴隶，因为我们记不住不久前刚与我们交谈过的人。我们的经历似乎总是新的。

内隐记忆也可以分为两种：语义性记忆和自传式记忆。语义性记忆涉及事实，例如伦敦是英国的首都，亨利八世有六个妻子。顾名思义，自传式记忆是关于我们自己的记忆。自传式记忆也非常重要，它有助于我们确定自我意识，即我是谁；有助于我们把过去与现在的经验联系起来，进而有助于我们思考未来。记忆和自我之间一个有趣的联系是，大约在18个月大时，我们就能指认自己身体的不同部位，这种能力与我们认出镜子中的自己的能力密切相关；它也与我们许多人的语言能力萌发不谋而合，所以对"属于我"的身体的认识也开始与"我能谈论发生在我身上的事情"联系起来。当年老时，或经历创伤或疾病时，记忆会受到影响，但并不是所有类型的记忆都会减弱。因此，老年人可能容易忘记日常发生的事情（以及那些不算很久远的事），但却清晰地记得童年往事。

但是，如果丧失工作记忆，这些记忆就会在时间和背景上变得混乱，以至于过去和现在的连贯感所依赖的线索变得混乱起来。我们看到那些重度失智患者，其自我意识也会变得越来越模糊，令人悲哀的是，他们似乎退回到非常早期的孩童般的状态。但由于其经验与情绪之间的联系正在瓦解，他们一生的复杂经验在一种混乱状态中交错盘绕。这意味着人们的反应方式似乎与当天发生的特定事件无关，但是在他们的脑海中，这些方式可能与过去发生的某件事相关联，由过去和现在情境中的一些共同元素所触发。这类人群和婴幼儿一样，熟悉的面孔和固定的日常活动有助于加强他们的经验，能够减轻他们的焦虑；对于儿童来说，能够提供舒适感和安全感。

记忆与感觉

我之所以要花一些时间来说记忆及其分类，是因为它有助于我们意识到，婴幼儿能在深层的、无意识的层面上记住他们从出生起（也可能在出生前）的所有经历，这些经验被保存在第1章提到的早期神经回路中。因此，记忆不是一个单一的东西，而是一个多层次的复杂系统，即便是现在，我们也未能完全理解记忆。关于记忆，我们必须记住的是，它与我们的情绪紧密相关，我们对事物的感觉会影响我们的记忆。我们对某种处境的感受是受我们周围的感觉信息数量影响的，认识到这一点很重要。感觉信息是一种信息组合，这些信息来自所有正在工作的感官，并取决于它们的体验程度。这意味着，如果某种特定的感官更敏感，或是更迟钝，抑或是消失，那么它将会影响相关记忆的形成。这里我需要提醒一下，当反思儿童对活动的反应时，儿童教育工作者需要考虑房间内的光线、气味（包括使用的香水）、声音，以及地板和家具的整体感觉等所产生的影响，这对教育工作者来说可能有用。环境有序还是凌乱，以及干净程度，也会产生一定的影响。你能想象一个孩子走进一间混乱的房间时的感受吗？你是否曾经走进一所房子或建筑物，仅仅是气味就让你感到厌烦，或者发现一份精美的食物激起了你的食欲？

我还想提醒一点，感觉信息也会影响儿童在用餐或吃间点时的反应。正如许多儿童教育工作者所知道的，儿童围坐在一起吃饭，这对他们学习社交、沟通、饮食习惯以及为他人着想都有好处。遗憾的是，在很多家庭中，家庭聚餐似乎很少；因此，用餐时间的安排要得到应有的重视，这非常重要。顺便说一句，在用餐时间，我们还可以鼓励儿童数数，例如数一数有多少叉子、勺子和餐巾纸；让儿童进行匹配，例如将餐具与盘子摆在一起，对不同大小的餐具进行分类，这些都是非常丰富的学习机会。然而，这些间点或用餐时间的安排往往都很仓促。我记得曾见过一次令我沮丧的午餐场景，孩子们的三明治被直接放在桌子上，甚至连一个纸盘都没有。我不知道儿童从中能学到什么，更别谈什么社交互动或拓展学习的机会了。你们当中去过欧洲其他国家的人会知道，即使是最小的孩子也会参与家庭聚餐，并且很快就知道进餐时哪些行为是被接受的，清楚地意识到自己是家庭中的一员。

综上所述，我们可以理解，从出生起我们就被来自各种感官的信息所包围，这些信息的混合会让我们产生愉快或不愉快的情感。如果某件事情是令人愉悦的，它就能够吸引我们的注意，进而我们就想去重复那件事情。重复它，就更可能记住它。当然，某些令人非常不快的感觉也会因其强烈的影响而被记住。而且，我们会尽量避免这种感觉再次发生，采取各种策略以确保这种可怕的感受不再出现。当然，这也提醒我们，为什么儿童和成人有时会做出一些看似不适宜的行为，但实际上这些行为有助于他们避开某种特定的情感。对于成人而言，引发恐惧、焦虑或痛苦的最初经历和经验可能会深藏于他们的潜意识之中，但是，在不同情况下，相似的经历仍然会与最初的痛苦产生共鸣，而由此产生的行为也会与最初经历的处理方式相呼应！举个例子，我想知道你是否有过这样的经历：某人做了或说了一些微不足道的事情，可你会突然感到非常生气。或者对某人说"不"会让你感到非常焦虑和痛苦。这些情感和反应的根源可能深藏于你自己的早期经历之中。

学会安全

没有人知道小婴儿是如何理解我们周围世界的。但是，研究告诉我们，也许大多数父母本能地知道，婴儿肯定拥有他们自己的基本技能。天性通过反射给予了婴儿一个良好的开端，包括吸吮反射、觅食反射和踏步反射，以及与姿势有关的反射，还有分娩本身提供给母婴的荷尔蒙和化学物质的激增。婴儿甚至对客体应该如何发挥作用已然有了一些了解。关于这一点，一些很棒的研究（罗宾逊对此进行了综述[1]）指出，天性已经给予了婴儿世界如何运转的一些初步的思想。然而，正如我所说的，天性设定了良好开端或提供了"脚手架"，但是，建立在脚手架基础上并深刻影响婴儿对自身和世界不断理解的却是父母和照护者对待他们的反应和态度。为什么这些早期的经验如此重要？这是因为婴儿的世界很小，局限于那些由成人精心安排的经历之中。因此，他们的早期学习，不仅以自身与父母和照护者之间的关系类型为中心，而且还取决于他们所接受的照护和教养水平。此外，婴儿的经验还依赖于他们所生活的特定环境的特征，会体验到他们的衣服、被褥、冷或热的感觉，以及宠物发出的声音、与其他家庭成员的互动，还有家中各式各样的媒体，等等。因此，视觉、听觉、嗅觉、触觉和味觉等这些具有高度一致性和持续性的互动经验，为婴儿理解这究竟是怎样一个世界提供了基础，不论它们是积极的还是消极的。

在婴儿出生后的最初几周里，通常是母亲提供的经验给我们塑造了第一缕曙光：婴儿是一个独特的个体。我知道这种观点在某些地区某些人那里并不受欢迎，但自然和进化共同为母亲提供了许多技能，这些技能对新生儿的健康至关重要。例如，女性通常比男性更善于识别面部表情和眼神的含义；绝大多数新手母亲很快就能看懂孩子的表情表达的意思；她们会和孩子谈论自己当下的感受，并用她们认为合适的方式作出回应。母亲很快就能辨别出孩子不同音高和音调的哭声所代表的不同含义；尽管父亲也能与孩子的步调保持一致，但是在这方面，母亲似乎更具优势！当你深入思考这一点时，你会发现，是母亲的天性确保了婴儿的健康。毕竟，无论在世界任何地方任何情况下出生的新生儿，他们接触的第一个人都是自己的母亲。因此，天性最大程度地确保了母亲愿意去拥抱和哺育自己的孩子；当然，哺育也为母婴间的亲近和身体接触创造了绝佳的条件，更重要的是，母婴之间可以相互凝视。艾伦·肖尔在经过多年研究并广泛回顾了其他研究人员关于情绪及其对人脑早期发育的影响的成果之后，在1994年出版的一本书中有力地阐明了母婴之间亲密互动的重要性[2]。虽然这本书写于1994年，但它仍是对脑发育和情绪作用研究非常有力、广泛且全面的综述之一。在我看来，这本书记录了一些对情绪健康至关重要的东西，因为它看到了婴幼儿的真实需求。不幸的是，对所有社会阶层而言，忽视，尤其是情感上的忽视，作为人们不幸福和表现出不受欢迎的行为的原因，它本身是被人们忽略了的。尽管我们谈及的是长期的情感忽视对成长中儿童的心理健康的影响，但是，这种影响会以隐性或显性的方式延续至成年期，比如个体在建立和维持人际关系方面存在明显的困难。

当然，父亲的角色是非常重要的，父亲也具备照护和养育孩子的技能，但与母亲有着微妙的差别，两者不可互换。肖尔认为，当孩子蹒跚学步时，父亲才真正开始发挥自己的作用。

天性为我们一生中不可避免的生活变化做好准备的另一个例子是，大约3个月大时，婴儿开始不再那么专注于母亲，而是越来越多地被其他人的面孔和声音所吸引。这也许是婴儿成为独立个体过程中的第一步（婴儿开始选择看什么），但同时也带来了一定程度的母子分离。这似乎有点稀奇，针对孩子不再只对她一个人感兴趣，母亲的应对方式非常重要。有些母亲发现婴儿意识中的这种转变后会相当痛苦，想一想当孩子入托、上学，今后还要上大学、参加工作，父母的感受又将如何？父母和孩子都必须面对这些分离（以及最终的失去）。可以理解的是，有时父母会变得极度保护孩子，而孩子似乎自己能够很好地应对一些事情。例如，孩子上托儿所的第一天，父母可能会有种心碎的感觉，儿童早期教育工作者要理解家长的这种心情。

世界是一个有时让人兴奋、有时又令人恐惧的地方，但对孩

图 3.1 世界是一个有时让人兴奋、有时又令人恐惧的地方

子而言重要的是,他们的情绪是以父母和其他照护者对他们的照护和养育为基础的;父母和其他照护者不仅可以鼓励儿童,而且可以让他们在身体上和情感上感到安全。

依 恋

假设(这也是我希望的)所有儿童教育工作者,不论他们接受何种训练,都会在培训中学到有关依恋理论的知识,尽管人们对依恋理论的重视程度似乎还不够。依恋理论是由约翰·鲍尔比[3]

提出的，特别是他关于依恋、分离和丧失等方面的开创性工作，从根本上回答了情绪安全及其如何产生的问题。在很多文章中都有大量关于依恋理论的信息，依恋理论也在跨国家、跨文化中得到非常充分且深入的研究。鲍尔比是在剑桥大学学医时对发展心理学产生兴趣的。后来，当他在一个很小的居民单元楼工作时，那里的两个儿童引起了他的兴趣。他们一个就像他的影子一样黏着他，而另一个则安静且退缩。这两个男孩都经历过混乱的童年，鲍尔比在一篇关于青少年犯罪研究的著名论文中对这两个男孩的经历进行了反思。[4]

随着时间的推移，鲍尔比开始对当时的儿童发展理论普遍感到不满，他结合自己对人类和动物世界中母子分离的反应的观察以及其他人的相关研究，逐渐形成了自己的依恋理论。特别是他自己的洞察和研究使他深信，宝宝想与母亲在一起的强烈欲望，有其生物进化上的根源，这一现象几乎在所有生物中都能观察到，母子分离会导致真正的痛苦。

依恋理论是一种生存理论，是一种关于抵御危险的理论。我们需要知道，我们既要有舒适的避风港，也要有供我们探索世界的安全基地。最终，我们习得了与成年照护者在一起就会感到安全，这为我们在内心保持安全感奠定了基础，有助于我们在处理日常事务时感到自信。因此，依恋理论是一种非常可行的方法，不仅可以用于理解儿童对分离和丧失的反应，还可以用于理解他们管理情绪和关系的能力。所以，所有的教育工作者，无论他们的角色或工作水平如何，都应该理解依恋理论的关键原则。重点是，它确实有助于我们理解儿童（和我们）的态度和行为的基础，让我们洞察行为的原因，而不仅仅是行为本身。依恋理论最值得注意的一点是，神经科学研究业已证实，早期的积极情感关系对于支持脑的健康发育至关重要；依次地，脑的健康发育对于儿童人格发展的塑造也至关重要。[5]

丹雅·格拉泽提供了一份非常有用的概述[6]，指出了鲍尔比工作的一些关键点。她特别强调鲍尔比关于依恋行为生物学基础的假设，即儿童寻求与照护者亲近，旨在得到一个安全基地。她强调，这种在所有生物幼崽中普遍存在的对亲近的寻求，既影响情绪也影响行为；引起这种寻求的，就是她所说的"内部和外部的压力源"，简单地说，就是个体感到的失落、孤独、害怕或与其照护者在身体上的分离。我想知道，你们当中是否有人发现自己在一个陌生的地方会感到失落或孤独？你觉得什么能给你带来安慰？我猜想你们中的一些人会希望母亲能在身边，或者父亲能来拯救你，抑或渴望某个深爱之人来陪伴你。或许，如果你感到孤独，你会发现通过抚摸宠物或者抱紧你的泰迪熊能让你获得安慰。反思这类情景所引发的痛苦感受可能有助于我们成人理解儿童的某些行为，比如孩子与父母分离时所体验到的丧失感，或被告知不能携带自己的泰迪熊时感到的那种心烦意乱。

鲍尔比送给我们的伟大礼物是这样一种观点：任何一个孩子都会与其父母形成依恋，这种依恋建立在儿童寻求安全的生物学基础上，是天性的另一个起点。理想情况下，每个孩子都有一个安全基地，在那里，他们能自信地探索自己的世界。鲍尔比提到了一种"内部工作模式"，它是儿童独特的个人世界模式。儿童与其主要照护者之间的关系类型有助于该模式的构建，这种关系类型会体现在上述的所有感觉因素中。然而，鲍尔比承认，无论如何，依恋关系并不总是安全的，也可能有不安全的依恋。随后，他的同事玛丽·安斯沃斯继续对此进行了研究。认为某种依恋是不安全的，这听上去似乎有些奇怪，因为这种与父母或照护者亲近的需要，是一个孩子与生俱来的。然而，成人对儿童的回应，特别是对儿童的痛苦的回应，使儿童对安全和安全感有了最初的理解，与儿童的总体感受密不可分，例如，总体的满足感与一般的焦虑、恐惧或痛苦感。因此，儿童与父母形成的依恋类型将会影响他们的内部工作模式。

研究表明，依恋的质量及其伴随的行为策略，可以在儿童1岁时采用"陌生情境法"测量出来。陌生情境法是一种对儿童与其照护者的依恋质量进行正式评估的程序，是由鲍尔比的同事玛丽·安斯沃斯设计,并由受过专门培训的早教从业者实施。该方法最初版本的改编版被用于评估年龄较大的儿童;而针对成人依恋的评估,则有玛丽·梅恩设计的"成人依恋访谈法",同样,该方法也只能由经过专门训练的教育工作者来实施。

尽管环境的变化(包括父母对孩子回应方式的变化)能够改变儿童的安全感,但儿童最初的依恋关系对成长的影响确实会一直持续到成年期。最初依恋的影响并非一成不变,而是可以被纠

图 3.2　婴儿与主要照护者(通常是母亲)建立起依恋关系

正和改变的；尽管如此，最初依恋的神经足迹确实影响深远。

就那些残疾儿童而言，建立情感安全基地的需要同样强烈，也同样必要。自闭症儿童或有其他特殊需要的儿童，其与父母的依恋类型、得到的照护和回应的质量，与其他儿童一样，也都各不相同。因此，在考虑儿童的行为时，我们不应忽略儿童的情绪环境。原则上，身心正常发展和非正常发展的儿童，其依恋形成的过程并没有区别。

作为婴儿，从出生的那一刻起，我们就开始与我们的主要照护者（通常是母亲）建立起了依恋关系。随着时间的推移，这种关系如何发展，将决定着依恋关系的质量。

总之，儿童的内部工作模式形成了他们的日常总体感受。我们每个人都会有情绪波动，这取决于我们的健康状况以及生活中发生的事情；但我们每个人的内心也都有一种总体的情绪潜流。你认为自己在大部分时间里，总体上是相当满足的，还是时常焦虑的？或者你也许非常容易生气或急躁，所以你的总体心境或感受是不满或沮丧。你是不是很多时候会莫名其妙地悲伤？想一想你照护的孩子，或者你在工作中经常遇到的儿童，你觉得他们怎么样？

工作模式也会影响儿童的一般行为，换言之，婴儿和幼儿很快就会发展出一种策略来应对自己的情绪，从而导致他们的工作模式不仅会影响他们与你的关系类型，而且还会影响他们接近陌生人或新环境的倾向。这个过程可能伴随好奇和兴趣、谨慎和漠不关心或过分热心，有时似乎还有些许焦虑。

值得注意的是，这些策略在儿童身体的自我意识觉醒之前就已经形成了，这再次表明这些早期经验的深刻本质。从生命伊始，我们就需要学习应对自己的经验。关键是，在个体生命的最初几个月里，成人既是经验的提供者，也是早期应对方式的仲裁者。例如，这种应对始于成人对孩子的肯定、安慰、鼓励，使其快乐和喜悦，或者是干扰、生气、不耐烦。不论它是什么，儿童都会在以后的生活中表现出来。

做有教养的从业者

儿童和成人都不可能与无限多的人建立密切的关系。但是，儿童与其生活中的关键人物建立密切关系是可能的。从事与儿童密切相关的工作的每一位早教工作者都要意识到，他们是所照护儿童的依恋对象。换言之，儿童会从他们那里寻求安全感，根据儿童的特定需要，早教工作者会与儿童发展出这样或那样的关系。早教工作者至少会为每一名儿童提供情感和物质环境，这些环境必会对儿童产生影响。有时我认为，早教工作者、保育员、家庭式托儿所的工作人员以及儿童教师的责任并未得到充分讨论。然而，如果早教工作者每天都与儿童接触，那么他们确实掌握了儿童的心灵和思想，这一说法应该是可以成立的。你们中的很多人肯定都记得一位老师，他或她在某个方面，比如在形成你对学校的态度方面，产生过巨大的影响，不管这种影响是好是坏。我会永远感谢一位英语老师，她给我介绍了很多书，而我的父母作为意大利移民，他们可能永远都不了解这些书。这位英语老师为我打开了一个全新的世界，而且，让我摆脱了持续的焦虑和不安，但这是另一回事了。我想强调的是，作为儿童早期教育工作者，你对孩子来说非常重要。因此，你做什么，如何做，你如何回应儿童的需要，以及你如何对待其他成人，这些都非常非常的重要！儿童，即使是很小的婴儿，也无时无刻不在观察和学习，沉浸在他们所生活的情绪环境之中。对于那些足够幸运、生活在一个充满爱和关怀的家庭中的儿童来说，有教养的教育工作者会支持并提高儿童的自信和安全感。对于那些不那么幸运的儿童来说，有教养的教育工作者将会为他们打开一个新的世界，给他们提供不同的视野和生存方式。换言之，儿童是被关心和爱护的。这样的经验为儿童提供了额外的支持，有助于他们提高应对压力情境的适应能力。对于孩子而言这是非常重要的，因为与重要成人的良好关系为儿童提供了一种支柱，可以帮助他们应对成人提供的所有不同情境。对于教育工作者来说，要考虑儿童在一天中可能要面对多少转换，这样做非常有用。这些转换既有身体上的，比如从一个房间转移到另一个房间；也有情绪上的，比如与不同的儿童群体和不同的成人打交道。想想对于幼儿来说，一条走廊看起来有多长，或者当他们必须从一边走到另一边时，一个游戏组看起来有多大。回想一下你童年时看到的东西有多大，当你重游曾生活过的某地或者重返原来的学校时，你会对这些建筑物或房间的实际大小感到惊讶。此外，我有时确实也很好奇，在破裂的家庭中，年幼儿童应该如何应对每一个成人（更不用说应对所有的兄弟姐妹，还有不得不面对搬家）。

正如我们所知道的，从婴儿期开始，儿童就会发展出各种策略来应对他们所处的所有情境，以及那些令人困惑、麻烦或混乱的经验。他们的应对机制可能会导致潜在的困难行为。重要的是，成人必须理解儿童应对这些情境的能力是有限的，身边固定的、可信赖的成人是帮助儿童应对和处理这些情绪的关键。有时，我们似乎确实奢望儿童能够完全冷静地应对并接受我们成人认为有压力的情境。

那么，成为一位"有教养的教育从业者"意味着什么呢？于我而言，意味着教育从业者需要理解他们的角色、责任和界限。作为一名教师、日托从业者或保育员，你将会遇到诸多困境；重要的是，你要清楚自己的技能、优势以及那些可能令你不适的领域。幻想你会喜欢遇到的每一个儿童和家长，这是不现实的。重要的是，你要认可和接纳这种不喜欢的情绪，因为只有这样你才能够应对它们。即使出于某种原因，你可能对某个孩子缺乏足够的热情，你也完全有可能关心他，愿意倾听他的心声，并为之提供支持。对于你和儿童而言，没有什么行为是凭空产生的。相反，重要的是，不要让你对儿童的任何特殊情感影响到你的决策，或让他人明显地看出你的这种情感。孩子对自己可能不被人喜欢的任何苗头和迹象都非常敏感，男孩尤其如此，他们也对某个孩子是否受老师喜爱非常敏感。这就意味着，你必须清楚自己对所照护的儿童群体的情感态度，这非常重要。所有这一切，引出了一个重要的观点：关心和爱护你遇到的所有儿童，这是你的责任！做到这一点并不容易，但是，联系我之前所说的，儿童教育工作者的责任往往没有得到充分的讨论，还需要继续进行深究。从事儿童保教工作会有意想不到的回报，但也可能令人筋疲力尽和沮丧。与儿童家长打交道也会考验你的耐心极限。例如，与家长合作说起来容易，但是，你也必须面对这样的现实：作为一个人，你也有自己的好恶。

这正是需要体现你专业性的地方：在你离开家出去工作时，你必须把自己的偏见放下。你要接受这样一个事实：你必须耐心且礼貌地对待你遇到的每一个成人。

我充分意识到，对于儿童早期教育工作者来说，长时间的工作以及巨大的工作量本身就是一个严重的问题，倘若有机会在一个非评判性的环境中畅谈他们情绪的高潮和低谷，将是非常有帮助的。

作为个体，我们有自己的行事方式，比如如何对待他人，如何组织和开始我们的工作，以及我们对工作有何实际的感受。诚实至关重要，如果你觉得别人做事的方式不太能接受，与你格格不入，就不要试图学他们的样子。你需要在工作中找到属于自己的个性和特色，这样你才能增强信心。通过这种方式，你也会发现自己能接受所照护儿童在行为上的各种不同。你对自己作为一个有个性的人的感觉越满意，你在情感上给予得就会越多。设想一下，如果一个孩子从未得到过关爱，他就不会去关心他人，你也一样。

成为一名有教养的儿童早期教育工作者，意味着你需要关注儿童，时刻把孩子放在心上。你要仔细观察他们，注意他们各自擅长什么，或在哪些方面存在困难；你在一天中的某些时刻，留一些时间给儿童；你甚至可以通过布置环境来表明你对他们的关心。你要了解他们的发展，同时也要留意和反思你自己对他们的想法和情感。这一切说起来容易做起来难，尽管对有些人来说比其他人可能会容易些。与儿童相处是一门艺术，的确不容易，需要你付出努力，时刻保持这种意识。你是在儿童成长最重要的时期给予他们帮助和支持的人，知道了这一点，肯定会让你觉得在这份工作中付出努力是值得的。

挑战和困境

- 记住，具有挑战性的行为绝不是随意产生的。它产生于一系列的情绪和情感，从儿童的角度来看，它总是"合理"的。
- 花时间试着去理解一个不快乐的孩子。一味地逗他们开心，反倒会剥夺孩子感受被关心和被尊重的能力。

参考文献

1. M. Robinson. *Child Development from Birth to Eight*. Maidenhead: Open University Press, 2008. M. Robinson. *Understanding Behavior and Development in Early Childhood: a Guide to Theory and Practice*. London: Routledge, 2010.
2. A. Schore. *Affect Regulation and the Origin of the Self: the Neurobiology of Emotional Development*. Mahwah, NJ: Erlbaum, 1994.
3. J. Bowlby. *Attachment and Loss*. London: Penguin Books, 1980.
4. J. Bowlby. *Forty-four Juvenile Thieves: Their Characters and Home Life*. London: Baillière, Tindall & Cox, 1964.

5. An innovative early intervention project based on attachment theory introduced the concepts of a 'safe base' and a 'safe haven' as key components of a secure attachment. Briefly, this project looks at the strengths and areas of difficulty between parents and child and aims to provide personalized interventions dependent on this knowledge. The authors are G. Cooper, K. Hoffman and B. Powell from Marycliff Institute in Spokane, Washington and Robert Marvin from the University of Virginia in Charlottesville, Virginia.
6. Presentation at Sunderland (UK) conference on the effects of trauma on attachment, 2005.

第 4 章

自我意识与同理心的发展

我们每个人始终待在同一具肉体躯壳之中，都有一个内在的"我"和一个外在的"我"。

在第 3 章中，我们探讨了婴幼儿如何开始感知内在的安全感。在本章中，我们将拓展这一思想，并探讨他们是如何习得"我"这一概念的。我们在前面曾简要提及过这一主题，这两章之间也有紧密的联系。我们是如何开始拥有自我意识的，同样重要的是，我们是如何知道"我"是一个连续体。无论我们年龄多大，无论我们多久染一次头发（或理一次头发），是变胖或是变瘦，也无论我们会不断成长还是改变思维方式，我们本质上都有一个基本的认识，那就是我们每个人始终待在同一具肉体躯壳之中，都有一个内在的"我"和一个外在的"我"。

内在的我和外在的我

所谓内在的"我",是指我们作为一个有思想、情感、态度和能动性的人的感觉,也就是说,我们能够通过自己的选择对所处的环境产生影响。如果我们回顾一下我们在婴儿期、童年期和青少年期的照片,我们可能就会知道:我们的行为和思想都不一样了,但我们并不会认为早期的自己是另一个人,除非我们的态度发生了改变。例如,你可能听别人说过,甚至你自己也曾说过,你已然不是曾经的你了。这并不是说你真的成了另一个人,这句话想要表达的是:你的思维方式和行为方式改变了,因此看起来与之前有所不同。

外在的"我"部分是由我们的外表以及我们想要呈现给他人的形象组成的。后者也与我们通常对他人表现出的行为有关。正如你意识到的那样,有时我们的行为方式并不能真正地反映"内在的我",因为我们对某个人的情感可能是矛盾的,或者我们可能会感到愤怒和焦躁,但是尽量不表现出来。我们也可以根据情境或情感来调整"外在的我",当与自己喜爱的伙伴在一起时,我们会自信地展示自己真实的情感。我想知道你们中有多少人在一天的大部分时间里都能保持礼貌、冷静和克制,然后一回到家,就对家人大吼大叫,宣泄自己的情绪。当然,这是我们评估情境和调整行为的能力,它取决于我们脑的发育成熟度以及我们管理情绪的经验。通常,儿童独立调整自己行为的能力还较差,这再次证明,他们需要依靠成人帮助他们习得这一技能。

另外,我们知道身体是我们自己的,无论它怎么变化(如体格、身材或其他方面),它始终是我们的,我们的四肢属于我们。这并不像听起来那么愚蠢,因为有研究表明,患有特定形式脑损伤的人(虽然罕见)甚至会否认身体的某一部位是自己的,或者对自己身体的某一侧没有觉知。你知道自己的身体属于你自己可能在于,大脑和身体能够适应你的经验,并能够保持在特定的温度、化学和物理界限内。例如,从婴儿期到成年期,我们手的大小在不断变化,但伸手去够和抓握东西的模式却保持不变。

我们走路的方式是在童年早期形成的另一种模式。我们不仅运用我们特有的肌肉力量学习如何行走,如何应对我们可能遇到的各种路面情况,而且我们走路的风格通常与父母的风格有关。例如,男孩走路的方式往往像父亲。有些行为习惯可以改变,但我们的走路姿势显然是最难改变的。就像我们从犯罪片中了解到的,尽管罪犯通过整形手术来改变他们的容貌特征,但是,人们还是可以通过他们的走路姿势认出他们。

成为一个个体

　　成为一个个体的观念也与我们对所处世界的理解有着深刻的联系。正如我们在第 2 章中讨论的，当我们在这个世界中进行游戏和探索时，我们了解了某些东西的质地是硬的还是软的，感觉它们是重的还是轻的，了解了我们所看到的、触摸的、听到的和感受的一切事物都具有形状和实质。我们通过游戏来认识这个世界，正如我们所知道的，我们也学会对世界作出反应。这一切，连同我们所体验到的情感世界，逐渐建立起我们作为一个"个体的人"的形象。我们慢慢地发现，什么能令我们高兴，什么能让我们难过、生气或害怕，什么能激发我们的好奇心，或者什么使我们想逃避。

　　我们知道，上述这些过程都需要时间。奇妙探索的一个阶段是，儿童开始知道他们不仅可以说"不"（有时这对成人来说很难），而且他们有能力说"不"。这意味着我们会遇到这样的儿童：他们会说"我来做，我自己做"，并且想尝试很多超出他们能力的日常活动。这容易导致儿童产生挫败感，可能还会发脾气，正是在这种时候，成人必须对如何帮助儿童保持最大的敏感性。父母们认识到，这些个人行动和选择的尝试，是儿童发展成长的重要组成部分。同样重要的是，父母在孩子尝试独立的过程中设定

图 4.1　儿童想尝试很多超出他们能力的日常活动

的界限。婴幼儿需要敏感的成人，他们不仅要理解儿童的需求，而且要能意识到儿童在身体和情感上的安全需要。面对一个愤怒的学步儿，不担惊害怕，也不感到无措，这对父母而言是一项艰巨的任务。儿童需要知道他们的沮丧是可以被接纳的，因此，当他们极度渴望去做某件事或者拥有某样东西时，我们要帮助他们冷静下来，让他们逐渐学会管理自己的情绪。儿童自己无法独立做到这些。

如我们所见，我们自己作为个体的形象，是通过我们所有的日常经验，慢慢地、一点一滴地建立起来的；但是，这或许说明，这个发展拼图的核心部分，恰是我们最先出现的情绪和感官经验，以及后来形成的自我理解，包括理解身体是属于我们自己的。这就好像我们的发展是由内而外进行的，有趣的是，我们的身体发育也是这样的，我们先学会控制自己的头和躯干，然后才是完全控制我们的四肢，最后是我们的手指和脚趾。因此，我们先是知道我们被抚摸、摇晃、举高、扶坐、放平，知道有人给我们洗澡、穿衣和喂饭的感觉，然后才意识到我们身体的哪些部位被人照护着。

人类发展的方式如此奇妙，因为它是以一种如此合乎逻辑的方式呈现的。因此，在开始更广泛地探索周围的环境之前，我们需要先为我们情感世界的构建奠定基础。母亲是我们的第一个"游戏素材"，我们学到的感受基本上首先来自她，还有不断加入的其他家庭成员。我们被照护和养育的方式为我们的身体感知提供了基础，然后随着我们身体能力的逐渐增强，我们开始通过听觉、触觉、味觉、嗅觉和视觉来更广泛地探索周围的环境。如前所述，儿童这种不断增强的能力，导致父母在应对成长中的孩子时会遇到各种各样的挑战。当儿童快 1 岁时，他们也会注意到身体感知的一些变化，于是如厕练习便可以开始了。重申一遍，父母如何处理这一问题可能会影响儿童对排便的感知方式，儿童的如厕行为方式甚至会延续到成年期。

儿童的身体能力不断提高，身体意识不断发展，许多父母也会本能地通过有趣的游戏不断地给予鼓励，所有这些都有助于儿童个体意识的增强。甚至给儿童起的名字都具有深刻的意义，因为他们很快就学会了对自己名字的读音作出反应，名字也与这种不断增强的"我"的感知联系在一起。最近我听到一件可怕的事情：有一个孩子几乎从来没有被人叫过名字。我们只能试着想象一下，这将会给这个孩子的内心造成多么绝望的孤独感！正如我一直强调的，我们无法给予他人我们不曾得到过的东西；同样，如果一个孩子从未被看作一个独立的自我，那么他／她就无法获得自我意识，所以，儿童必须体验应有的经历。这或许可以解释为什么情感忽视对一个人的心理健康具有毁灭性的作用；同样值得注意的是，如果没有情感忽视，身体忽视就不会发生。我需要澄清的是，我所说的身体忽视并不是指儿童因为贫穷而穿得不好和吃得不好。贫穷并不等于缺乏爱、关怀或养育，你们中任何一个在贫穷但充满爱的家庭中长大的人都可以证明这一点。身体忽视是指父母（出于各种各样的原因）根本不关心孩子的身体是否干净或肚子是否吃饱，任其放任自流。很明显，这种身体照护的缺乏将影响儿童在情感上被关心的方式。

同理心的发展

大约5岁时，儿童会有自我意识，他们能够描述自己的外貌，知道自己的性别，有了自己的好恶，并理解一些基本的行为规则。直到十几岁时，他们才倾向于用一种更抽象的方式来描述自己。如果为他们提供榜样和机会，儿童在很小的时候就能关心他人，所以我们接下来介绍同理心（empathy，也译作共情）的发展，即我们如何能够理解他人的情感。

我们回顾一下本书所有内容背后的一个主要观点，即儿童不能给予他人自己不曾得到过的东西。如果儿童不曾被爱过、被关注过和被欣赏过，那么他们就鲜能关注或欣赏他人。如果儿童没有自我感，那么他们就不能自我觉察；如果不能自我觉察，他们就不能把自己的情感与自我联系起来，最终，他们也就不能理解自己的感受以某种方式与他人共有。就同理心的发展而言，天性为我们提供其根基，而经验则是其如植物生长所需那样的养分。

在后面的章节中将看到，我们会通过观察和关照我们自己以及他人的情感和感受来学习。我们通过细心地留意和观看来学习，婴儿也非常擅长于此。我们必须意识到，我们不仅会观察别人对我们做了什么，还会观察他们如何对待彼此，包括他们的反应和态度。婴幼儿会注意到谁面带微笑或怒容，客人来访时是如何受到接待的，人们是如何对待兄弟姐妹、亲戚以及宠物的。他们还会注意到成人在私家车、公交车或火车上，以及在商店里和别人家里等不同场合分别都是如何表现的。这些经验均有助于促进儿童对他人的感受，有助于儿童对他人感受的理解。正如刘易斯等人所说："当面对重复的经验时，大脑会无意识地提取出这些经

图 4.2　为儿童提供榜样和机会，他们在很小的时候就能关心他人

验背后的规则。"[1] 换言之，儿童会从他们的观察和经验中学习到一系列规则，比如如何打招呼、如何聊天以及如何与人相处。

所有这些经验都是在个体的儿童如何被对待的背景下构建的，这与其周围的成人所关心的外部行为或相匹配或相抵触。我相信我们都曾见识过这样的人，他们对别人表现得很友善、平易近人，但是在家里却是个"暴君"。然而，儿童很快就能学会那些有助于他们在自己的环境中生存的行为类型。那些被爱和被关心的儿童，也许更容易学会信任和关心他人；而那些被忽视的儿童，可能会发展出完全不同的行为。例如，他们可能会努力吸引他人的注意，而这又导致他们产生深受其基本气质和性别影响的各种各样的策略。被溺爱的儿童也可能会采用同样的策略，以试图从其他成人和儿童那里获得同样的关注。任何一种策略都不可能永远成功！在后面两个例子中，似乎儿童的关注点基本都集中在自己身上，因此他们很少有情感空间来考虑他人的需求，所以这些儿童可能会觉得很难为他人着想。你或许注意到有些成人也有类似的特点，他们想成为他人关注的焦点，或者他们急于取悦他人，抑或他们似乎并不关心任何人的感受。如果深入挖掘，我猜你会发现，这样的人是自我价值感非常低的人。正如刘易斯等人所描述的，我们很早就学会了我们的关系模式，并且因此倾向于重复它们。

你是否留意到，有些人似乎总是从一段令人不愉快的关系，跌跌撞撞地又步入另一段不愉快的关系，而且他们往往会与同一类型的人交往？这是因为，我们倾向于偏爱我们所熟悉的事物，哪怕这种熟悉的事物是消极的或具有破坏性的。因为它是我们以最基本的方式认识的事物，人们发现很难从这些消极关系中挣脱出来。我们会不自觉地寻找那些有熟悉特征的人。孩子们所交的朋友未必是其父母愿意交往的人。一个欺凌弱小的儿童，实际上通常是一个内心恐惧的孩子，会寻找那些他/她知道会成为受害者的人进行欺凌，并吸引那些在其力量庇佑下感到安全的人。

同理心之源始于婴儿期，但是，同理心的能力在个体的一生中都会持续发展。这是因为，我们对自己的动机和态度了解得越多，我们就越能意识到，他人的反应和行为是如何建立在他们的经验之上的。我们会变得分别心越来越少，同情心越来越多。对于儿童，成人需要运用他们的同理心技能来理解那些正摸索着理解其所处世界的儿童，在此过程中儿童会不断地发现自我。儿童有自己的发展道路，但是成人需要与他们并肩同行，以便帮助他们克服在情感、身体和认知的世界中所遇到的障碍。不管怎样，只有通过互动和建立人际关系，我们才能懂得什么是"我"，懂得怎样与他人相处。

总　结

尽管人类似乎拥有更复杂的情绪成分，但我认为，即使是最残酷的行为，也根源于一种或多种基本的情绪，如恐惧、愤怒或悲伤。也许，把人类与相近的哺乳类动物和其他生物区分开来的正是我们能够利用语言、文字、艺术和思想，超越环境带来的直接限制。我们的确有能力认识自我，超越自我地进行思考，反思我们是谁以及我们存在的可能目的。正是这些问题，把我们的心智带入了一个没有时间和物理限制的抽象空间之中。在儿童期早期，伴随着作为人的自我的不断实现，其心理理论（theory of mind）逐渐形成，我们在上一章中对此做过简要介绍，佩尔奈和朗将其描述为一种"概念系统……通过它，我们可以把心理状态归结于他人和我们自己，就是那些我们知道的、思考的、想去感受的所有东西"。[2] 在深入研究我们自己的心思的同时，我们也在深入研究他人的心思，在学龄前我们就已经开始这样做了。

挑战和困境

- 儿童早期教育工作者需要知道，儿童在奋力发现他们是谁、争取某些独立的过程中，可能需要尝试一些"看似不可能"

的事情。

- 儿童早期教育工作者应该努力探索养育儿童的适宜方式，因为对于儿童来说，他们是重要的工作者。唯其如此，他们所照护的儿童才可能：
  - 知道自己是被关爱的；
  - 形成理解和欣赏他人的情感工具——同理心。

参考文献

1. T. Lewis, F. Amini and R. Lannon. *A General Theory of Love*. New York: Vintage Books, 2001.
2. J. Perner and B. Lang. Theory of Mind and Executive Function: Is There a Developmental Relationship? in S. Baron-Cohen, H. Tager-Flusberg and D. Cohen(eds). *Understanding Other Minds: Perspectives from Autism and Developmental Cognitive Neuroscience*. Oxford: Oxford University Press, 2000.

第5章

观察和反思儿童的情绪健康

儿童的态度及其对自身经验的回应在很大程度上会受其情绪世界的影响。而儿童与成人照护者之间的良好互动,是儿童情绪健康的基石。

由于本书关注的是儿童的情感需要，因此，我想着重探讨在观察过程中可能遇到的儿童心理和行为的情绪方面，这也将有助于儿童早期教育工作者更深刻地认识到，情绪对儿童的学习能力有着怎样巨大的影响。

本章内容基于的是《英国国家早期教育纲要》对儿童的学习与发展进行"观察、倾听和记录"的要求。但是，除了评估儿童的学习内容，该"纲要"还建议我们应该关注并促进儿童的态度和学习技能。正如我们在前面几章中所看到的，儿童的态度及其对自身经验的回应在很大程度上会受其情绪世界的影响。因此，本章将考察我们在所有活动中观察儿童时反思的情绪重点。

至关重要的是，我们已经发现，儿童与其成人照护者之间的良好互动是儿童情绪健康的基石。因此，观察和思考儿童的学习与发展是一个双向的过程，其中包括儿童早期教育工作者能够反思自身的投入、态度和行为，这将有助于强调成人与儿童之间动态互动的重要性。我主要观察单个儿童，但在思考儿童之间的关系时，会引入群体观察。

本章将围绕三个主题来组织：观察、反思、评估及可能采取的行动。我也会强调游戏的重要性，它是观察儿童实际成熟水平的一种重要的媒介。

观　察

究竟什么是观察（observing）？《英国国家早期教育纲要》中谈到了"看"（looking）一词，的确，这基本上就是观察。但是，观察是有目的地去看；因此，观察本身是一种非常主动的过程，而非观察一词可能隐含的被动过程。观察需要高超的技巧，因为当我们看或观察一个孩子时，我们是在积极地关注他/她。我们会注意到实际发生了什么，这意味着我们是把儿童作为个体来关注的。以这种方式进行观察，也意味着我们要努力以开放的心态去观察儿童。因为你可能已经对将要观察的儿童有了一些了解，更重要的是，你对那个儿童持有了某种情感，因此，你往往非常容易预先决定将要观察的内容。《英国国家早期教育纲要》也提到了倾听的必要性。事实上，倾听也是你关注儿童的一部分，尽管在实践中由于环境布置和噪音的影响，有时你可能很难做到这一点。然而，当你和儿童一起参加活动、用餐或吃间点时，或者只是去注意他们在自由游戏时发生了什么，你都能观察到儿童的语言技能。顺便提一下，自由游戏是一种适合观察儿童语言技能的绝佳资源，同时也为我们提供了一种途径，去发现儿童实际能做什么，以及他们是如何思考和感知事物的。

在进行观察时，有一些实际问题需要考虑。为什么要进行观察？这也许是最重要的一个问题。这个问题的基本答案很可能是：没有观察，我们几乎不可能了解单个儿童或儿童群体。即使从最简单的层面来看，我们也必须进行观察，以便衡量儿童的发展，记录他们是如何进步的以及习得了哪些新技能。从更深的层次来看，观察有助于我们真正洞察儿童的行为和他们的特殊需要，识别儿童在哪些领域需要帮助和支持。不幸的是，在某些环境中，观察被视为一件苦差事，而不是更好地进行教育实践的必要条件。其实，观察的时间不必很长，有时只需要在注意到某件事情时，及时在便利贴上做个记录即可。在一天结束时，我们整理核对这些记录，以便进行评估和反思。然而在实践中，实施观察通常是因为儿童的某些方面给自身或教育工作者带来了特定的困难，因此受到关注。对儿童如何应对所处的环境进行观察也是有价值的，考虑到这一点也很重要。那些学习成绩处于中等水平且没有行为问题的儿童往往会被忽视，然而，这些儿童与那些明显需要帮助的儿童一样，也需要教育工作者的关注。表现优异的儿童也需要进行观察，确保他们不仅能获得足够的挑战，不至于感到无趣或沮丧；而且也不会遇到过度的挑战，以至于他们对自己喜欢的学科失去兴趣。

反 思

当你观察儿童的自由游戏或更有组织的活动时，你在寻找和反思什么呢？首先，可能是儿童行为的一般情绪基调。这听起来可能是一个非常抽象的概念，但是在整个观察过程中，不论是对单个儿童还是儿童群体，都可以通过仔细观察他们如何做事以及做了什么事来识别他们的一般情绪。我曾说过，观察是一种技能！有一首老歌是这样唱的，"重要的不是你做了什么，而是你做事的方式"，它非常适用于这种情况。提醒一句，我们要注意和防止这种假设：微笑的孩子必定是满足的。焦虑或恐惧的孩子经常微笑，只是为了掩盖他们的焦虑，表现得对他人没有威胁。回想一下之前的章节就会明白，这可能是儿童学着用来保护自己安全的一种行为策略。然而，一起欢笑或相互微笑，能更强烈地表明儿童真正地享受他们正在做的事情，就像儿童自己唱歌、说话或哼唱一样。儿童做事情时全神贯注，这也表明了他们的深度投入和喜爱。有的事情并不一定是非常有趣才会被喜爱，有时，探索和发现需要的是非常严肃和认真。

图 5.1　有时探索和发现需要的是严肃和认真

下面是一些你可以用于评估的因素：

- 儿童表现得是舒适、放松，还是焦虑或犹豫？
- 儿童是否容易感到挫败、苛求自己或容易被别人弄得心烦意乱？

这其中的一些因素可能是儿童基本气质的一部分。我的意思是，儿童总体上是焦虑或退缩的，还是热心、自信和友善的。你是否还记得前面章节中介绍过我们是如何习得自我意识的，我们的一般心境是我们自画像的一部分。例如，思考这一问题最直接的方法就是问一问你自己，你把半杯水看成半满还是半空？换言之，你对待事物一般采取积极的态度，还是对这个世界以及生活其中的人持消极的看法？你预期自己会被善待还是苛待？你通常对自己信任的人会非常谨慎，还是会喜欢你遇到的大部分人？没有人能够一直快乐且满足，也没有人会一直悲惨且痛苦（希望如此），但是，我们每个人会在这两个方向上具有一个倾向性，我们的经验和基本个性会影响我们满意或不满意的程度。

一个孩子很早就踏上了如何看待这个世界的旅程，但如你所知，经验已经在塑造儿童的品格和个性了。因此，当你观察时，你心中已经有了某种类型的基线，然后，你会在此基线上看待你对儿童在这个特定观察时间存在怎样的实际情况的理解。事实上，这种基线是非常有用的，因为当你观察到一个平时充满了好奇心且爱冒险的孩子表现出焦虑时，这就是在向你传递一种信号，即可能有什么事情正困扰着这个孩子，你需要找出困扰着他的究竟是什么。不管只是因为某项具体活动太过新奇，还是因为有更麻烦的问题，如家庭问题，或者是欺凌问题。

所以，回到我们的观察内容，那首老歌的歌词强调的不是儿童正在做什么，而是他们是如何做的。观察的另一个方面将有助于我们思考儿童的感受以及他们对游戏和其他活动的态度，即他们是否容易分心，是否能坚持做自己正在做的事情，或者当事情没有按照他们的意愿进行时，他们是否容易放弃或变得失望和愤怒。一些儿童是完美主义者，对他们来说，把事情做好至关重要。他们可能会对自己感到生气和沮丧，有时甚至会毁坏自己的作品。例如，当他们沮丧时，他们会撕掉自己的一幅画作，或突然在那幅画作上乱涂乱画。有些儿童不相信表扬，他们可能对自己的作品不屑一顾，因为他们认为它们是垃圾。完美主义的儿童毁掉自己的作品，是因为他们认为作品没有达到自己的高标准，这是一个非常重要的区别。对于这两类儿童，成人需要采用不同的策略。观察中还应注意的一个方面是，儿童对他们所做事情的专注度和投入度，我们之前提到过这一点。顺便提一句，儿童早期教育工作者应该认识到，如果儿童正在参加一项涉及创造性的活动,或正在进行一些引人入胜的想象游戏,他们需要感受到成人允许他们用一种积极的方式完成活动,这一点对早教工作者来说很重要。不考虑儿童活动的进程,只是告知他们必须将活动材料收拾好,这对儿童来说是很糟糕的做法。确保儿童回来后可以继续他们未完成的活动,而不是因为该吃午饭了,就草率地把儿童精彩的创作拆除。

让我们回到儿童的投入问题上。费雷·利弗斯教授进行了一项杰出的研究,编制了用于评估儿童幸福感和投入度的五点量表。他用术语"幸福感"(well-being,也译作主观幸福感)来表示儿童的情绪状态,并用五点量表来测量幸福感和投入度:1代表非常低,5代表非常高。高水平投入的标准包括表现出创造力、注意力和坚持性;低水平投入的标准包括儿童只是发呆,很容易分心,或者从一件事跳到另一件事。我相信许多早教工作者都遇到过这类儿童。对于早教工作者而言,关键因素是随着时间的推移,儿童幸福感和投入度水平的持续程度,这再次证明了观察的重要性。幸福感低且(或)投入度低的儿童将无法学习;相反,他们可能会变得退缩或有破坏性,或两者兼有,不愿向成人寻求帮助。

在一项研究中,我考察了一组自闭症儿童与一组有一般学习障碍儿童之间的社交互动,两组儿童的心理年龄互相匹配。积极的社交互动可能表明更高水平的幸福感,高水平的社交互动包括眼睛注视、放松、表现得体、主动接触以及接近他人时没有明显的迟疑。低水平的社交互动包括对任何成人或其他儿童不做回应或不主动接触。再次重申，对有时喜欢独处和在大多数情况下表现出畏缩或有意逃避与他人接触这两类儿童作出区分是非常重要的。

当引入新活动或新材料时，不论它们是成人主导的活动还是作为游戏环境的一部分，儿童的好奇程度也是一个有价值的观察点。例如，儿童是否表现出热情和兴趣，以及达到什么水平？另一方面，儿童是否表现得毫无兴趣，或者很少或没有热情？新经验或环境的变化是否会引发儿童的焦虑或痛苦，或者儿童即使有些犹豫也有探索的意愿？又回到了那句歌词，后者就属于"儿童做什么"的一部分，内嵌于他们做事的"方式"中。

另一个用于观察的指标是儿童通常是如何利用空间和时间的。这听起来可能颇为奇怪，但是，它可以让我们思考儿童是否需要很长时间来做某件事，或者他们是否能快速做他们想做的事。即使一些非常聪明的儿童，也需要大量时间去思考他们正在做的事，去权衡各种可能的选择。显然，他们不同于那些因为在非常基础的水平上难以作出选择而需要大量时间的儿童。

关注儿童是否想保护他们的空间，或者他们是否有非常亲近他人的需要，这些也将有助于我们洞察儿童的情绪世界。当然，他们的年龄和发展水平，以及他们已经习惯的社会和文化，都会对此产生影响。最后，关注儿童移动、坐着和站立的方式，不仅可以了解儿童的身体发育情况，还可以了解他们的情绪状态。我们难过时真的会萎靡不振，我们生气时动作会急速且不稳。儿童可能会用肢体语言来表达他们的感受，甚至他们拖动一把椅子的方式都能说明很多问题。

我相信，儿童的情绪健康可以被观察、记录和反思，这值得我们重视。这也引出了我们对儿童进行观察的最后一个环节。

评　估

在开始评估我们所观察到的行为之前，我们必须考虑的一点是这种行为发生的实际背景。当进入观察周期的最后环节时，考虑行为发生的实际背景至关重要。这不仅是对你所观察到的行为的评估，也是你接下来为进一步促进儿童的进步而需要做的事情（然后你需要再次观察，以便反思你所采取的行动的效果）。

背景极为重要，它包括诸如观察发生在一天中的什么时间等因素。是在早晨、加餐时间或午餐时间的前后，还是早上入园后或下午离园前，等等。当时的天气情况如何？例如，有大量关于儿童在大风天气如何表现的实例。儿童是否饥饿或疲倦，也会对其行为产生重要影响。我们需要考虑的另一个因素是，儿童在特定环境中所待时间的长短，以及他们对其他儿童和成人的习惯程度。儿童的成人照护者是一致的还是出现了变动？或者教室里是否又有新的教育从业者或其他儿童加入？儿童说自己的母语还是第二语言？早教工作者可能对儿童有哪些了解（或者自认为了解）？儿童来到环境后会被贴上什么标签？他们被看作行为楷模还是爱捣乱的孩子？此外，被观察的儿童是什么性别？儿童教育从业者通常是如何看待男孩和女孩的？一些早教从业者偏爱某一性别的儿童胜过另一种，男孩尤其对他们是否被喜欢或讨厌非常敏感。进行观察的环境中有哪些行为规则和界限，所有人员是如何遵守这些规则和界限的？这也会影响观察行为以及对观察结果的预期。

行为是儿童与环境之间互动的动态结果，儿童的行为不是孤立的。如果是在室内观察，需要考虑的其他因素还有：房间里是热还是冷？儿童是否容易获得活动材料？儿童是否已经拿到了他们需要的东西？

如果在室外进行观察，我们还需要考虑天气怎样？有哪些资源可用？活动设施是否充足？或者儿童是否会因为想玩的活动设施只有一处而发生冲突？

对于儿童早期教育工作者来说，在开始评估儿童所处的具体

图 5.2　行为是儿童与环境之间互动的动态结果

环境前,先简单环顾一下四周,包括噪音水平和可用空间,通常对他们是有帮助的。

一旦早教工作者考虑了上述所有因素,那么评估观察结果的主要准绳就是早教工作者关于儿童发展的知识深度。评估的起点是:评估者对儿童的期望是什么?儿童的实际表现如何?为了深入思考这一点,儿童的一些情绪方面,如心境、投入度、社交互动和好奇心,都有助于评估者找出和理解儿童达到或未达到期望的原因。儿童的投入、学习以及回应成人干预的意愿取决于他们的情绪世界，因此，儿童学习的任何方面，都必须根据对儿童行为的这些重要方面的观察结果来考量。如果不理解儿童到底是谁，那么儿童教育工作者就很难帮助、指导和支持儿童。

可能采取的行动

根据对所有证据的评估，儿童早期教育工作者可以进入到下一个阶段，即做些什么来支持儿童，因为观察能凸显儿童在哪些方面需要支持和鼓励。不论结果如何，儿童早期教育工作者必须确保：他们不只是进行观察，也要关注儿童的健康。有些观察可能只是简单地列出一些项目供他们勾选，例如，"会跳吗""会写自己的名字吗"。这样的清单本身没有问题，在某些情况下可能还非常有用，比如提供了儿童成就的基线，但无论如何，它们都不是观察的全部。只有把观察视为对儿童全部评估过程中的一部分，观察才能成为一种理解儿童能做什么和应该做什么的有用且重要的工具。

观察不是结果，而是干预过程的一个环节。观察只是一种工具，真正的工作，在于观察者实施观察后的反思和评价。因此，观察者的技能、洞察力和知识水平至关重要。儿童早期教育工作者必须能自我察觉，能意识到他们对儿童可能持有的任何偏见，或者是否觉得对儿童的行为有些纵容。此外，儿童早期教育工作者必须非常诚实地面对自己的已知和未知，必须愿意提出问题、跟随自己的直觉、保持开放的心态，并乐于对自己已有的有关儿童的知识进行质疑。最后，儿童早期教育工作者必须始终把儿童的需要放在他们思考的首要位置。

挑战和困境

- 观察就是持开放的心态去看。观察需要有一定的目的，看的同时也需要倾听。它最大的优点是，好的观察能为儿童的健康状态提供明确的证据，而不是臆测。
- 反思还需付诸行动。如果只是把反思结果归档，那么对于儿童而言，整个观察过程将毫无价值。重要的反思需要与家长分享，并纳入整体计划之中。

请把童年的夏天

还给孩子

第6章

家园共育

儿童早期教育工作者可能会接触到各色各样的家庭结构、家庭文化、家庭宗教信仰和价值观,从而导致从业者与儿童家长之间产生各种各样的互动以及各种层面的介入。

本章主要讲述家长对他们选择的机构在照护其孩子方面的需求和期望，以及他们是如何支持孩子在家中学习的。例如，父母可能希望自己的孩子养成某些特质，这对父母可能有意义，但未必对孩子有帮助。例如，一个家庭可能更看重孩子的学业成绩而不是运动、艺术或音乐方面的才能。另一些父母为了孩子获得成功，不惜损害孩子的社交和情绪需要，或者寄希望孩子完成他们自己未曾实现的成就梦想。另一方面，也可能有这样一些父母，或许因为他们自身的一些不良经历，对孩子所做的事情不感兴趣。这样的家庭可能不会支持儿童教育工作者的工作，甚至可能有意阻碍孩子的发展，或者对孩子取得的成绩不屑一顾。换言之，儿童早期教育工作者可能会接触到各色各样的家庭结构、家庭文化、家庭宗教信仰和价值观，从而导致从业者与儿童家长之间产生各种各样的互动以及各种层面的介入。

家园共育是一门科学的艺术

儿童早期教育工作者可以与家长就如何帮助和支持孩子分享经验，从而在维护家长所持价值观的同时，也能加深对其孩子独特性的理解。然而，在任何时候，儿童的最大利益都必须始终是教育实践的核心，在某些情况下，这可能导致非常微妙的平衡行为。社交媒体、论坛和互联网的普及，也可能导致儿童父母以及其他家庭照护者兴起一种风气，即质疑向其孩子提供的任何一种特定的学习方式。如你所知，互联网信息的可靠性和准确性良莠不齐，这也给互联网本身带来了一些难题。

另外，面对那些看似知识渊博、见多识广的父母，儿童早期教育工作者依然要保持自信，不要被他们那咄咄逼人的质疑气势吓倒。这一点特别适合那些刚取得从业资格或者一边工作一边接受培训的早教从业者，还有那些当面对的儿童父母正是资深幼教老师时缺乏自信的早教从业者。但是，大多数父母都希望自己的孩子得到最好的教育，并且也很重视与教育工作者密切合作。只有当儿童的父母或其他照护者对孩子的教育和管理方式固执己见时，或者像我之前所说的，当儿童教育工作者遇到那些不怎么关心或根本不关心孩子的父母时，他们与家长之间的合作才可能会出现困难。早教工作者与儿童及其家庭合作既是一门艺术，也是一门科学；在合作过程中，从业者感到更舒适和更自信的一种方式是：其自身必须拥有真正扎实的有关儿童发展的知识，其中包括关于儿童对稳定和安全需要的知识。我再怎么强调都不为过，教育从业者训练有素、能够自我察觉和知识渊博是多么重要！毕竟，正如本书曾经提及的，儿童早期教育工作者掌控着儿童的心灵和思想，他们所做的一切都非常重要。

现在，我想谈谈儿童早期教育工作者与儿童家庭合作时需要考虑的几个方面。首先要记住的是，父母是孩子的第一任老师。当一个孩子来到任何一家照护机构时，他/她已经带来了自己的"故事"；父母是什么样子，孩子就会变成什么样子。这并不意味着儿童与其父母没有差异；但是众所周知，经验塑造了大脑，正是与父母的互动塑造了孩子的个性；同时，随着时间的推移，儿童也发展出了适应其独特家风的策略。反过来，这种家风将是儿童父母与其他家庭成员之间互动和沉淀的结果。

社区的风格以及家庭在社区的参与度，也会直接或间接地影响家庭作为一个整体的行为。布朗芬布伦纳在其开创性的工作中将儿童置于家庭的中心位置，然后向外扩展到社区，再扩展到儿

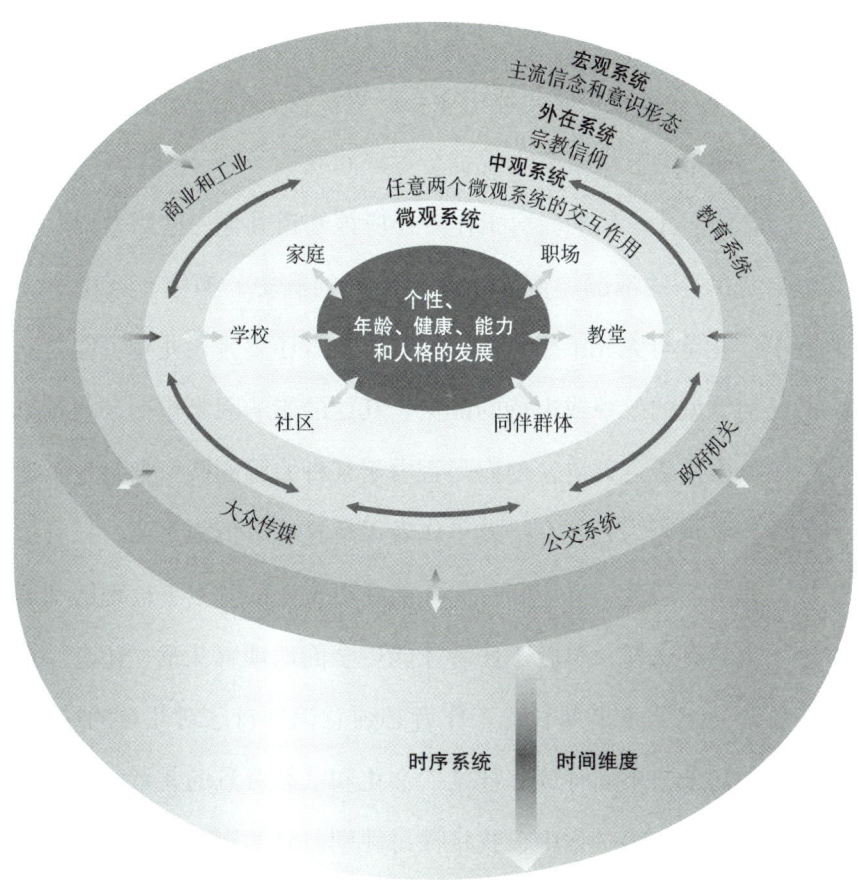

图 6.1　布朗芬布伦纳的生物生态系统图

童生活的更广泛的社会和政治环境。他指出，所有这些都在一定程度影响着儿童家庭内部所发生的事情，从而可能影响父母与孩子相处的方式。[1] 例如，当前的经济衰退将会以不同的方式影响英国不同地区的家庭，这取决于当地的工厂是否涉及重工业、建筑业等。企业裁员和个体失业会严重影响一个家庭内部的情况，显然，通常会导致家庭出现资金短缺问题。

此外，儿童早期教育工作者还应该知道其他一些因素以及儿童自身的一些情况。例如，儿童父母的病史、搬家、家中有无添丁、儿童有无兄弟姐妹等。早教工作者还要警惕儿童可能受到的任何类型的忽视或虐待的证据。其他的影响因素包括：儿童家庭的母语是否为英语？他们是否由于某种原因刚搬家到某个新地区？儿童是否为领养？早教工作者了解这些事情很重要，只有这样，儿童的态度、反应和行为才能在更宽泛的背景下被理解和确定；也只有这样，早教工作者才能更全面地理解儿童。还有一点需要注意：儿童早期教育工作者必须意识到自己对儿童的期望，也必须对来自不同种族、社区、文化和宗教背景的儿童的期望持开放态度。在第 7 章中，我将探讨性别差异的影响。在这里再次重申，儿童早期教育工作者必须对父母对待孩子的态度非常敏感，最重要的是，也要意识到自己对男孩和女孩行为的不同期望。

综上所述，儿童早期教育工作者需要牢记，儿童父母自身的背景以及养育孩子的经历和经验将会影响他们与孩子的关系，影响他们对照护孩子和学习机会的期望。他们自己的梦想和希望，还有失望和苦难，也会影响他们的态度和行为。他们对教育工作者可能会很苛刻，或者提很多要求，或者在一定程度上质疑教育工作者。有些父母可能会觉得自己受到了评判，尤其是当他们的价值观与主流观念截然不同时。教育工作者要获得儿童父母的信任，一般需要相当长的一段时间！

良好实践的指南

重要的是，让儿童父母自己能真切感受到，他们在儿童照护机构是真正受欢迎的，所以，儿童早期教育工作者热情地迎接儿童的父母很重要。对工作人员来说，认真查看工作机构（无论是家庭式照护机构、托儿所还是学校）的入口处都是很有帮助的。例如，入口处是否有地方存放童车，是否秩序井然，停车位是否好找，等等。对于更大的场地，应注意有无接待区，场地是否干净，指引路标是否明确；如果来访者需要等待一会儿才能见到工作人员，是否有地方坐，等等。物理环境很重要，即使父母似乎并不关注周围的环境，但它们给前来参观的父母留下的印象会影响他们对照护机构本身的感受。即使是下意识的，他们也会注意到。

然而，最重要的部分是儿童早期教育工作者对待儿童父母的方式，从业者要耐心倾听儿童父母的观点，一一解答他们提出的任何要求和担忧，这很重要。儿童早期教育工作者要思考什么会驱使儿童父母做出特定的行为，这通常对他们有帮助。从业者必须花时间和抽时间去拜访儿童的父母，如果他们不愿来照护机构，从业者或许还可以想办法在其他地方和儿童父母见面。另外，与儿童父母培养良好关系的一些创新方式可能也会有用，例如，通过社交晚会，或者在一个晴朗的夜晚，安排在当地公园组织一次家庭游园，或者在当地的游乐场组织一场见面会，抑或利用家庭野餐日可能也是一种成功的创新方式。我认为可以在当地合适的场所组织一次智力竞赛之夜，让儿童父母与照护机构的员工组队参加也并无不妥。挖掘儿童父母的技能也是一种促进儿童父母与机构员工之间关系的积极方式，许多父母可能在儿童成长或制作东西等方面拥有丰富的经验，因此，要引导儿童父母参与照护机构的活动，或者家园合作，一起推动你们的照护机构成为社区的一部分。

因此，我建议儿童早期教育工作者应谨记：在儿童照护机构的工作是他们生活的一部分，他们所照护的儿童也是如此。你会有家人、朋友以及所希望的工作之余的社交生活，为了培养与儿童父母和其他照护者之间良好的关系，思考你的工作领域内有哪些条件和活动以及外部联系是可利用的，这对于你或许有益。有些家长可能会参加很多活动，例如，当地的合唱团、舞蹈队、语言或烹饪课程，所有这些都可以激发家长们的兴趣，提高他们的参与度。参加合唱团的家长能邀请合唱团来照护机构为孩子们演唱,而这种活动本身又会激发家长对歌曲和不同类型的音乐产生更大的兴趣。众所周知,对于儿童来说,一次偶然的陌生经历可能会激发他们一生的兴趣。突破照护机构的局限,找出儿童父母及其家庭可能的兴趣点,这会带给儿童一系列新颖的、鼓舞人心的经历,同时让儿童家庭感到他们也能做一些积极的贡献。

当然,所有这些都需要花费时间,而且儿童早期教育工作者通常并没有足够的时间,因此,他们只与儿童父母保持最基本的联系。但是,儿童早期教育工作者有责任思考如何利用他们的时间,以及对于儿童的健康而言什么是最重要的。花费在儿童家庭上的时间一定是最重要的吗?沟通也很重要,儿童早期教育工作者需要找到与儿童家庭保持联系的最佳方式。许多人可以使用电子邮件(但并不是所有人都使用,这一点很重要),这类沟通形式可能也是有用的。当然,沟通有两种层次:一种是让儿童父母了解照护机构下一步的计划,另一种是与儿童父母讨论或转告有关他们孩子的一些具体信息。除了面对面的交流,儿童带回家的日记、照片和记事本对家长也会有帮助。我知道,有些照护机构会让孩子们轮流在周末把泰迪熊(举例)带回家"探险",这通常是一种非常受欢迎的方式,不仅让儿童热衷于记录他们的经历,也为儿童早期教育工作者提供了评论和深入了解儿童家庭的例证。

所有的儿童早期照护机构，无论是学校还是日托机构，都依赖于每个团队成员对自己的角色有一种强烈的责任感。保育员虽然是单独工作的，但是也要对自己履行职责的方式负责，因此，每位儿童早期教育工作者都需要审视自己与儿童家庭打交道时的态度，并问自己一些相关的问题：

- 我有足够的热情吗？
- 我是否试图避开某些儿童的父母？
- 我是否觉得与儿童的母亲交流比与其父亲交流更舒服？
- 我是否对某些儿童父母格外热情？
- 儿童父母中有我的朋友吗？我必须遵守什么样的职业界限？
- 如果父母对孩子漠不关心，或者拒绝承认自己的孩子可能在某方面存在困难，我将会有怎样的感受？我又该做些什么？
- 我该如何回应过度焦虑的父母？是他们真的过度焦虑，还是说只是我在沮丧泄气？

总　结

本书的主线之一是这样一种思想：为了对儿童进行积极、温暖的照护，儿童早期教育工作者必须学会自我察觉。作为个体，你可能会对某些人、某些事存有分别心，不那么客观、公正，认识到这一点很难，也很痛苦，但是，能认识到自己的长处也非常重要。

无论家庭结构如何，儿童都是家庭的一部分。将儿童视为家庭的一部分，因此必然要承受来自家庭的所有影响，认识到这一点，将有助于所有的早教工作者有时会以相当微妙的方式，调整和改变自己的工作，以适应他们面对的每个儿童的特殊需求。面对儿童在家庭中的表现，儿童早期教育工作者也要打开思路、敞

图6.2 儿童是家庭的一部分

开心扉，将家庭单元视为儿童生活中的基本力量，所以家园共育对所有参与者都是有益的。做到这一点并不容易，但真正做到时，通常又是非常值得的。

挑战和困境

- 我们从儿童家长那里收集到的信息与我们与之分享的信息一样有用，甚至更有用。有时我们很难认识到这一点。
- 在照护机构的员工与儿童父母之间需要存在职业界限，可是有时我们又很难做到这一点。但是，必要的职业界限，对于双方的相互信任和尊重又非常重要。

参考文献

1. U. Bronfenbrenner. *The Ecology of Human Development*. Cambridge, MA: Harvard University Press, 1979.

第 7 章

接受差异：
男孩和女孩的不同世界

男孩与女孩之间以及男女两性之间的差异，有时会沦为某种优越性之争，似乎反映出某种不好的趋势和倾向。

本章赞美每个孩子的独特品质。探讨女孩和男孩在如何才能最有效学习方面存在差异这一事实，并进一步谈论这些差异的基础可能是什么。对那些有特殊学习需求的儿童，无论是生理的、情感的还是认知的需求，为其创设适宜的环境和条件，以使每一个儿童都有机会获得成功。

性别差异

显而易见，性别差异确实存在。但我发现令人担忧的是，男孩与女孩之间以及男女两性之间的差异，有时会沦为某种优越性之争，似乎反映出某种不好的趋势和倾向，即普遍忽视男性的技艺和才能，只认为那些被视为女性美德的东西才重要。当然，没有什么所谓的女性美德，就像大脑中并没有女性半球一样。确实，男性和女性的大脑内的基本回路略有不同，但这种差异很大程度上是由围生期这段敏感期的天然类固醇激素暴露决定的。这一过程会改变个体毕生的激素和非激素反应。[1] 此外，在大约 2 个月大时，男婴的睾丸激素会激增，然后到 6 个月大时，其睾丸激素逐渐变得和女婴相仿。生命早期的这些大脑变化，可能源于我们是进化而来的生物这一事实。因此，男女两性之间存在的那些性别差异，可以追溯到我们的进化史那里。

承认人类社会数千年来的发展历程，或许有助于我们理解为何女性在某些职业中（而男性在另一些职业中）的比例偏低，或许也能解释为何男性和女性会选择不同的职业道路。这是关于这类性别问题的讨论中很少（即使有）提到的一个因素，因为在某些领域似乎存在一种倾向，认为性别是完全可以互换的，所以，除了生育和其他明显的生理差异外，男女两性之间不存在可能引发不同需求和愿望的认知、情感或生理的差异。事实上，如上所述，性别差异在妊娠早期就开始显现了。

虽然我们用一种如此抽象的方式来思考这些事情可能很有趣，但是，这种否认男女差异的做法会导致更微妙、更麻烦的问题，诸如"一视同仁"式的教育方式和学习方法。在思考男孩和女孩的需求方面，政治和社会意识形态也会产生破坏性的影响。我记得几年前读过一篇文章，作者是一位有着强烈女权主义立场的女性，她说即使她的小孙女想要一个洋娃娃，她也不会给她，因为这纯粹是带有性别歧视的社会化。换言之，不管孩子是否愿意，她只能玩卡车。值得庆幸的是，由于意识到性别不仅仅是一种社会建构，这些极端的观点在某种程度上已有所缓和。尽管社会、文化和一些宗教信仰确实也会规定妇女、女孩和男人的角色，导致一些真正严重的男女不平等，但这并不能否定关于这个国家的男孩和女孩在教育和学习上不同需求的思考。当我们思考英国当下的性别差异时，让我们回到我们需要考虑的问题上。

男孩和女孩的不同世界

在对儿童早期教育工作者进行培训时，我们强调确保儿童机会平等。这并不意味着儿童教育工作者要以完全相同的方式对待每一个儿童，他们还必须考虑每一个儿童的独特个性。更加复杂的是，儿童早期教育工作者还要考虑对男孩和女孩的学习方式进行归纳，也需要考虑男孩和女孩之间存在的真正的生理差异。男孩和女孩的发展路径存在整体差异，女孩往往比男孩更早具有社会行为的意识，她们通常也更早开始说话，尽管男孩后来会迎头

图 7.1 男孩和女孩的发展路径存在整体差异

赶上。许多男孩通常热衷于活跃的体能活动，而许多女孩则对交谈和坐着进行的安静活动更感兴趣。许多男孩觉得，站着完成任务会比坐着完成任务更舒服；你或许已经注意到，家里的男性在说话和思考时喜欢来回踱步，或者把口袋里的东西弄得叮当作响。此外，男孩们经常坐立不安，这其实是他们的一部分运动需求使然，但有可能被视为不受欢迎的行为。

与女孩相比，许多男孩和成年男人不容易感到冷。男孩经常想搞清楚事物的工作原理，导致他们经常想把东西拆开一探究竟。男婴往往会被移动的物体和人脸所吸引，这有助于解释为什么男性的眼睛似乎对运动更适应，而女性的眼睛则对颜色更适应。这或许也解释了为什么色盲的男性比女性更多。我在网上看到一则关于男性观点的罕见例子，着实把我逗乐了。他们认为"peach"（桃子，桃红色）是水果，而不是颜色，这生动地突显了男女在色觉上的差异！

男性的听觉通常与女性略有差异，这在群体环境中非常重要。男孩倾向于对更大的声音作出反应，因为他们的听觉对这些声音更敏感，这一点对理解一些简单的事情具有重要的意义。例如，告知儿童要收拾东西，如果一个男孩没有作出回应，他或许会因为没有按要求去做而受到老师的责备，但他可能只是因为没有听到老师说了什么，尤其是当该老师是一名女性时，这在儿童早期教育中是极有可能发生的现象。有趣的是，正如伦纳德·萨克斯[2]指出的那样，男孩也更容易忍受诸如铅笔敲打声等噪音，而女孩则更容易被噪音惹恼。然而，令儿童早期教育工作者感到棘手的是，有些男孩对噪音非常敏感，这可能因为他们在处理声音时出现了某种障碍，因此，儿童早期教育工作者需要特别注意男孩的这两种倾向。女孩的情况也不尽相同，有些女孩就对噪音非常不敏感。

有一个非常有趣的发现，男孩更擅长对声音进行定位，萨克斯在其 2010 年的那篇论文中并未进一步讨论这一发现。关于这一点，似乎是进化的因素在起作用。当你狩猎时，知道猎物的声音来源非常有用。加拿大麦克马斯特大学的丹尼尔·戈德赖希开展的一项研究也得出了非常有趣的结论，那些手指较小的人似乎触觉更灵敏，这有助于解释为什么女孩似乎比男孩在触觉方面更熟练。当然，一个手指较细的男孩也会比一个手指较粗的男孩拥有更好的触觉。然而，由于男孩的手指往往比女孩的粗，这或许也可以解释为什么小男孩在穿针引线和其他精细运动方面比小女孩面临更多困难。此外，男孩在 4 岁时仍处在大肌肉发育中。甚至连握笔困难也可以归咎于触觉的敏感性以及儿童发展的其他方面。

总之，从各种研究结果来看，人们似乎得出一种共识，即男性通常对需要空间意识、数学推理和寻找路线的任务更熟练，在投掷球和接球方面的准确性也更高。女性往往更精通于语言的使用、流畅性和手工精度等方面，这与触觉和算术计算方面的研究结果有关。后者强调了一种并不可取的观点，即女性不擅长数学，并且许多女性也认为自己不擅长数学。其实，女性和男性都擅长数学，只不过他们擅长不同类型的数学理解而已，这两者都具有价值，因为女性可能会成为杰出的会计师，而男性则擅长非常抽象的推理，比如天体物理学。当然，在这些领域中都会有优秀的男性和女性，但这并不能否认任一性别的潜在倾向。

男性和女性在心理上也存在一些差异。我曾在之前的书中引用过一项研究[3]，该研究指出，与母亲之间的积极关系对孩子后期的心理健康和幸福有很大影响，在这里重申这一点似乎也很合适。这项研究是西德舍等人开展的一项纵向研究，研究对象是一组有心理问题的母亲和她们的孩子，控制组是一群不存在相同风险因素的母子。研究人员评论说：

> 8岁时，目标组儿童，尤其是男孩，表现出的行为障碍程度显著高于对照组儿童。在目标组，儿童出生时的母婴互动质量与儿童8岁时的行为障碍程度之间存在着显著的相关，而这种相关在对照组并未发现。[4]

这虽然只是一项研究，但它做了两件重要的事情。首先，它提醒我们，男孩面对情绪困扰时的心理韧性似乎比女孩差，即使这种差异很小。研究人员引用的其他一些研究也得出了类似的结果。其次，在孩子出生时、6个月大时和18个月大时分别对其进行评估，可以清楚地了解母子关系类型。正如我们已经知道的，如果儿童感到痛苦和焦虑，他们往往难以集中注意力。这一点，以及男孩早年对其家庭生活中的挫折的敏感性，都是儿童早期教育工作者应该考虑的因素。在诸如精神分裂症等心理健康问题以及诸如自闭症等特殊需求方面，男孩和成年男性的占比更大。如果参观一所专门为特殊儿童开设的学校，你会注意到，在各种残障儿童中，男孩的数量通常会超过女孩。同样，尽管人们普遍认为女性更可能患抑郁症，但在全球范围内，男性的自杀率远高于女性。然而，很明显，自杀者常处于一种非常忧郁的情绪状态。总之，人们开始意识到男性和女性的抑郁表现不同，这又可以追溯到男孩和女孩的行为问题。男孩倾向于把他们的问题"表现出来"，而女孩则倾向于将问题"内化"。这可能就是女孩和成年女性被认为更容易患抑郁症的原因。

行为不会凭空出现，因此，男孩表现出的更明显的行为问题一定是其健康问题的信号。这一领域的平等意味着儿童早期教育工作者需要在情绪健康的背景下思考各种行为。无论是安静孤僻的女孩、吵闹的男孩、冷漠的男孩、非常黏人的女孩，还是在教育从业者看来"动不动就哭"的儿童，这些都是需要儿童早期教育工作者特别关爱和干预的不同表现。

儿童早期教育工作者还必须理解的是，在准备诸如阅读和写作这类较正式的技能方面，男孩的成熟速度往往要比女孩慢；在英国也存在这种趋势，正规学习的时间开始得越来越早，我们可以看到，许多男孩从一开始就处于不利地位。尽管许多儿童早期教育专业人士付出了艰辛的努力，他们试图确保游戏在学习中的重要性能够在正式的学校教育中得到贯彻，而不是只注重正式的阅读和写作，但是这一趋势似乎仍然存在。

然而，即使在这里，关于儿童早期教育工作者如何看待男孩和女孩的游戏，也有一点需要提醒他们。在过去的几年里，存在一种倾向，认为许多男孩玩的"追逐打闹"游戏是攻击性的表现，也许是因为这种类型的游戏有时被称为"打斗游戏"。相反，潘克塞普的毕生工作表明，追逐打闹游戏是游戏类型的重要组成部分；在霍兰基于自己的研究所著的书中，她主张儿童早期教育工作者在对某种游戏进行负面解读之前，应该先了解该游戏的主题。[5]

平等的环境

在这里简要说明一条规定，因为它对于在特定环境下考虑所有儿童的需要是非常重要的。考虑到本章内容是关于性别差异的，对于儿童早期教育工作者来说，观察自己所在的班级、托儿所或家庭（如果是保姆的话），思考为儿童提供了哪些表达差异的机会、平等地获取资源的机会。例如，儿童照护机构中是否有可供儿童移动的空间？是否为希望站着完成任务的男孩提供了这样的机会？如果有这样的机会，所有的工作人员都接受这样的行为吗？或者有规定儿童必须坐着完成任务吗？这类问题可能是员工团队内部讨论时很有益的出发点。儿童听故事时，是被允许用自己觉得舒服的姿势，还是规定要求他们必须坐在地板上并保持完全不动？这可行吗？这样的规定现实吗？是否有办法在不对儿童的行动施加惩罚性限制的情况下，为合理的和可接受的行为设定界限？例如，允许一个坐立不安的孩子在听故事时手里拿一些东西摆弄，这或许比他玩弄前面同伴的头发要好，因为那会让所有人都更恼火。

游戏材料的提供也是一个有争议的问题。重要的是男孩和女孩要有平等的机会获得这些资源，并且有希望获得足够数量的喜爱的游戏材料。这意味着那些想进行搭建和探索活动的女孩也可以像任何男孩一样，自由地攀爬和奔跑；男孩如果愿意，并且不会被女孩禁止进入"家庭角"，那么他们也可以玩"过家家"游戏。思考男孩和女孩对冷、热的反应方式，也能促使我们考虑如何放置男孩或女孩喜爱的活动资源，户外活动是日常经验中不可或缺的一部分。在户外，有些女孩可能更喜欢荡秋千、转圈圈或跳绳，而男孩可能更喜欢跑、跳和踢球。女孩可能也想玩球，但是她们更可能选择其他不同类型的游戏。

适应所有这些变化的关键是：儿童早期教育工作者要敏感地

了解每个儿童的需求。早教工作者不仅必须摒弃任何潜在的刻板印象，还要培养开放的思想，这样就不会对观察到的游戏类型妄加评判了。如果女孩确实喜欢待在"家庭角"，或者想坐在户外聊天，此时早教工作者就不应强迫她们参加她们可能非常不喜欢的活动。有时，儿童非常渴望参加某种活动，但因为自己可能是该活动中唯一的男孩或女孩而不敢参与，此时早教工作者就要鼓励该儿童参与活动，并让小组其他成员接受他/她。这两种情况是有区别的。显然，儿童早期教育工作者也可以为男孩和女孩安排一些其他活动体验，让他们走出各自的舒适区，让每个儿童有

图 7.2　女孩和男孩一样，也喜欢户外的探索活动

机会参与他们通常不会选择的活动；但对儿童早期教育工作者来说，更重要的是在游戏活动中给予儿童一些表达和选择的自由，允许女孩和男孩用他们自己的方式去探索。

性别之间的许多差异都是十分微妙的，属于趋势或倾向的范畴，但是，这并不意味着它们应该被忽略，而是在考虑每个儿童的需求时，应该将其视为所有影响因素的一部分。

挑战和困境

- 请记住，机会平等并不等同于以相同的方式对待每一个儿童。我们要承认性别差异，照护机构提供的所有机会，要让每个希望利用该机会的人都能容易地获得。
- 为男孩提供可以站着或坐着写字的机会，因为让他们保持不动太难了。无论女孩穿着什么样的衣服，都要让她们有机会去攀爬和探索。

参考文献

1. M. M. McCarthy, A. P. Auger, T. L. Bale, G. J. De Vries, G. A. Dunn, N. G. Forger, E. K. Murray, B. M. Nugent, J. M. Schwarz and M. E.Wilson. The Epigenetics of Sex

Differences in the Brain, *Journal of Neuroscience*, 2009, 29 (41), pp. 12815-12823.

2. Leonard Sax has written and researched extensively on gender differences and is a recommended read for practitioners. Also, McLure has written an excellent book for practitioners. She discusses not only the early years but also into puberty. In particular, she identifies the huge surges in testosterone in teenage boys which are just as earth-shattering for them as the hormonal changes in girls before their period, but often not as well recognized nor taken into account when considering behavior. A. McClure. *Making It Better for Boys in Schools, Families and Communities*. London: Continuum International Publishing Group, 2008.

3. M. Robinson. *Child Development from Birth to Eight*. Maidenhead: Open University Press, 2008.

4. G. Sydsjö, M.Wadsby and C. Göran Svedin. Psychosocial Risk Mothers: Early Mother-child Interaction and Behavioral Disturbances in Children at 8 Years of Age. *Journal of Reproductive and Infant Psychology*, 2001,19 (2), pp. 135-145.

5. P. Holland. *We Don't Play with Guns Here*. Maidenhead: Open University Press, 2003.

第 8 章

我们能否听到儿童的心声

儿童是多么需要空间和自由，抛开现代快节奏的生活和无处不在的媒体压力，愉快地去探索。

关于儿童的遐思

奇怪的是，一个一闪而过的想法如何能引发对儿童需求的普遍反思？作为成人，我们是否真的在表达儿童的心声？我带着我的狗在当地一个非常宜人的公园里散步，天气虽然有点冷，但阳光明媚，到处可见初春的迹象，散发着新生的气息，还有些许春天的暖意。我回想起了之前和丈夫一起散步的情形，不禁感叹能在这样宁静的环境中散步是多么幸运。接着，我的思绪转到那些被卷入叙利亚战争的儿童（当时我正在撰写本书），或者世界其他冲突地区的儿童，或者那些缺乏足够的食物或水的儿童。

我自由自在地散步，没有恐惧，我的小狗在树木间穿行，这似乎成了一种特权；而对有些人而言，生活却是如此的不同。当然，有些人可能更喜欢喧闹的、快节奏的城市生活，或者认为这种简单的散步不够刺激；但除了这些，我还想到了和平与安稳生活，以及拥有一些时间和空间过简单生活多么重要。我希望不仅是成人，尤其是儿童，都拥有这样的经历。这样的想法再次让我认识到游戏的重要性，儿童是多么需要空间和自由，抛开现代快节奏的生活和无处不在的媒体压力，愉快地去探索。我还想起了在叙利亚战争中见到的一名娃娃兵的画面。我很想知道他的这种经历会对其身心产生怎样的影响。

然而，并不仅仅是在那样极端的环境下儿童的内在自我才会受到伤害；在不那么极端的环境中，例如尽管某个国家处于和平稳定的状态，但是依然存在忽视和身体伤害，这对儿童依旧具有伤害性。我的思绪仍在飘荡，几乎呼应了我散步时漫游的本质；我转而想到，尽管已经有大量研究结果，但有些人仍然对此置之不理，这是早期消极经验影响的结果。我想知道，为什么似乎我们很难承认，我们早期的神经足迹会深刻地影响我们毕生的思维和情感。人们似乎仍然相信，儿童能以某种方式从他们过去的经历中复原。

早期经验的影响

事实上,随着年龄的增长,我们可以找到方法去面对或避开我们觉得困难或引发焦虑的情况。然而,尽管人们可能希望早期经历不会留下任何影响,但罪犯的早期经历常常被用来减轻他们的罪行。继续换个角度看这种思想,如果提供了这样的个人经历,

图 8.1 在能够接受生活的挑战之前,儿童首先需要被关爱和接纳

总会有人站出来暗示这样的早期经历只是个借口。当然，事实并非如此。相反，提供早期经历是为了让我们努力理解和梳理那些可能导致一些人走上犯罪道路的线索。我认为，如果我们不承认、不接纳我们童年的经历以及自己被养育的经历的确会影响我们以后的生活选择，那么我们就会否认儿童的需求：稳定、一致且积极的养育。在能够接受生活的挑战（不论何种挑战）之前，儿童首先需要被关爱、被接纳。

我坚信，发展的每一阶段都是在为下一阶段做准备。就像我们的身体发育一样，我们先会坐，然后才会站，因此，在我们能够与更广阔的世界建立联系之前，我们需要生理上和情感上的安全和保障。重新回到前面那个娃娃兵的例子，以及回到其他饱受冲突之苦的儿童身上，我非常怀疑他们是否有时间或意愿去关注大自然中的某些东西，在其他时间，这些东西也许会令他们感动、兴奋和兴趣盎然。马斯洛的需要层次理论指出，我们的基本需要——食物、温暖和人身安全——先得到满足，然后才会感激被给予的爱和关怀。如果我们感到恐惧，我们怎么还能感受到安全？我们都知道想哭的时候却要微笑有多么困难。这或许有助于解释混乱型依恋，在这种依恋类型中，儿童既被照护者吸引（例如，从生物学角度来说，亲近母亲是必然的），同时又害怕接近照护者。这些悲伤的儿童发现自己难以组织起一些行为策略来应对他们的世界。

我们必须牢记，儿童需要我们。当然，他们年龄越小，就越需要成人的照护。他们需要成人提供关爱和养育，需要成人为他们提供探索和游戏的机会。他们需要成人给他们划定界限，从而让他们开始管理自己的情绪；但是，正如我前面提到的，他们也需要富有同理心的理解。这种共情的、富有同理心的理解，真正承认了儿童实际具有的优势和局限。

聆听儿童的心声

在我们的一生中，有时会处于最脆弱的阶段，正是在那些发展阶段，我们的理解和能力从一种水平过渡到了下一水平。婴儿从完全无助到越来越独立；学步儿需要成人允许他们探索世界的同时，保障他们的安全，并告知行为的界限，这些都很重要。反过来，一旦儿童能够使用语言和发挥想象力，将有助于儿童理解他人，明白存在"我"和"我们"，以及可能会以不同的方式去思考和行动的"另一个人"。小学期间，我们巩固和发展了我们对世界的认识；但是进入青少年期，儿童表现出一系列全新的行为，父母的权威受到挑战，儿童独立的需要，即脱离父母束缚的需要随之出现。这段动荡不安的时期，正是我们长大成人、成家立业的一种准备。年轻人是时候该踏上这条道路了,在这条路上,父母仍然很重要,但是对另一个人(配偶)和孩子的爱更重要。对男性和女性来说,更年期标志着另一种变化,即余生比我们已经度过的生命时间要短了。对许多人而言,这也可能是他们身体和情绪的一段动荡期。年老时,由于心理和生理状况的退化,我们再次变得像婴儿那般脆弱。那些一生都很脆弱的人是有特殊需求的人,他们表现出诸如认知能力有限、身体残疾或缺乏社会认知能力等问题。这些人不仅需要有人倾听他们的需求,而且还需要有人发声,以确保他们尽可能地保持尊严和独立。

正如我们在前面章节中提到的,在婴幼儿期,由于我们的大脑正处于不断地发育中,以及我们对经验的易感性,所以我们十分脆弱。我们要确保不把儿童当作"小大人"来对待,而是在给他们提供全方位体验的同时,也要帮助他们应对不断发展的心智和身体。奇怪的是,长大成人后,我们仍然会记得那些在我们儿时生活中留下印记的人,那些为我们打开新的体验之门的人,或者那些让我们感到恐惧的人,然而,我们却试图把这些强大的影响抛在脑后。

我们似乎把物质世界看得比我们的情绪和精神世界更为重要;然而,如果离开了我们存在的所有维度,那么我们就会变得更贫乏,也会让我们孩子的生活变得更贫乏。正如刘易斯等人所言,"我们是情绪化的人,痛苦不可避免,悲伤也会到来"。[1] 这不仅仅是一种悲观的人生观,也承认了作为人类,我们懂得爱和快乐;但不可避免,某些悲伤和丧失也会发生。因此,我们需要为儿童生活中的这两类事件做好准备。为了教会儿童什么是爱,我们需要表达爱,这样他们才能去爱别人;我们需要为儿童提供情绪资源,帮助他们更好地应对悲伤和丧失;我们需要做儿童行为的解释者,这样才能为他们提供最好的支持。然而,只有当我们清楚地了解自己,并知道儿童发展的哪些方面可能会产生什么

图 8.2 为儿童提供情绪资源,帮助他们更好地应对悲伤和丧失

行为时，我们才能更好地解释儿童的行为。

我把本章的标题定为"我们能否听到儿童的心声"。我想知道，当我们总是如此忙碌，并且想让孩子适应我们的生活方式时，我们是否还能清晰地听到儿童的心声。人们宁可追求那些所谓时尚的养育方式，也不愿认真地观察一个有基本需求的孩子，这些需求包括诸如养育、良好的教养、一致性和家庭的稳定性。

我们要牢记，我们也会受进化倾向的影响，不要被那些拒绝我们简单人性这一事实的思想所迷惑。

总　结

我想用阿诺德书中的一段引文作为本章的结语，这段话是特蕾莎修女说的。尽管带有明显的宗教色彩，但我希望这不会妨碍人们单纯地思考这段话：

> 我们切不可认为爱是非凡的。但是，我们确实需要不知疲倦地去爱。一盏灯是如何燃烧发光的？正是通过持续不断地注入小滴的煤油。这一滴滴的煤油，好比我们日常生活中一件件的小事，比如诚实的举动、善良的话语以及服务他人的思想，我们保持安静、观察、说话

和行事的方式，等等。这些是真实的爱的点滴，使得我们的生活和人际关系，像一团火焰那样熊熊燃烧。[2]

换言之，为了聆听儿童的心声，为了养育他们、鼓励他们和促进他们的健康，我们需要用心去倾听他们；但是我们也要意识到，正是我们日复一日的日常工作对儿童产生了重要影响。我们是怎样的人以及我们提供什么样的角色榜样，这些对于孩子来讲都至关重要。我们只能竭尽所能去倾听我们的孩子，尽管我们通常可能做不到这一点；但是，如果我们至少承认他们是多么地需要我们，那么我们就几乎是成功的了。

挑战和困境

- 儿童早期教育工作者需要认识到，年幼儿童的情绪健康对他们的全面发展非常重要，在学业目标和儿童的基本需要（如安全、稳定和爱）之间取得平衡也非常重要。
- 所有从事儿童保教工作的成人，实际上都需要分配出时间来关注他们自己的情感需求。只有这样，他们才能成为儿童真正需要的那种冷静的、一致的、积极回应的重要他人。

参考文献

1. T. Lewis, F. Amini and R. Lannon. *A General Theory of Love*. New York: Vintage Books, 2001.
2. J. C. Arnold. *Why Children Matter*. New York: Plough Publishing House, 2012.

别用树的高度

去丈量一朵花

第 9 章

入学准备

为孩子上学"做准备",让他们"做好入学准备",到底意味着什么?

2011年，怀特布莱德和宾厄姆写了一篇关于"入学准备"的论文，这可能是一篇最简明、最具影响力的文章。下面的引文便摘自其中，且为本章提供了一个框架：

> 围绕一个儿童是否、如何以及为什么应该"做好入学准备"的争论逐渐浮出水面，这些争论反映了早期教育领域的紧张关系日益加剧，这与深层的概念分歧有关。因为幼儿究竟应该为入学做哪些准备并未达成一致，因此对术语"学前准备"或"入学准备"的定义及其作用也未取得共识。本质上讲，对这一术语及其定义的争论，掩盖了早期教育的目的在概念上的根本差异。[1]

关于"入学准备"的争论

争论的实质似乎是这样一种观点,即作为一个社会,在对孩子的期望这一点上,我们并未真正达成共识。为孩子上学"做准备",让他们"做好入学准备",到底意味着什么?如果我们询问父母对自己孩子的期望,有的可能强调希望孩子情绪健康,也就是拥有快乐、友谊和良好的人际关系;而有的可能希望孩子无论选择做什么工作,都能取得成功;还有一些父母则可能希望两者兼而有之。商业领袖和政治家们谈论的则是儿童要为职场"做准备",当然,重要的是,一旦儿童离开学校,他们就应该有能力去理解更广阔的世界,并在其中有所作为。但是,这并不能掩盖以下这些问题:早期教育的目的是什么?上学的目的是什么?我们想着让孩子如何发展,但其依据的基本原理又是什么?那么,当我们说我们需要为孩子的上学"做准备"时,我们是什么意思?

狄克逊写了一本充满激情且感人的书,书中提到了他与其他人对儿童早期教育的普遍关注,他认为个体出生的最初几年类似于春天。他写道:"冬天是漫长的,秋天是漫长的,夏天也是漫长的,但唯独春天是如此短暂。"而这段宝贵的时间,却是"无法弥补或重新来过的"[2]。他一再提醒我们,一个3岁的孩子就是3岁的孩子,4岁的孩子就是4岁的孩子,以此类推,我们要允许儿

图 9.1　做好入学准备，到底意味着什么

童按照发展的节奏去成长，而不是为了准备下一发展阶段而一味地向前冲。

然而，有趣的是，我确实认为天性或发展本身会以其特有的方式，为我们下一阶段的技能和能力的展现做好准备。在前面的章节中我提过，在我们能直起躯干之前，先要学习如何抬头；在我们能够站立之前，先要学习保持上半身稳定。换言之，我们的确在为即将发生的事情做着准备，但是以一种平稳的、有逻辑且及时的方式进行的。当 2 岁的孩子发脾气或情绪失控，此时正需要父母或照护者的支持和帮助，让他学着如何管理自己的情绪。这段时期也与儿童不断发展的自我意识和独立感有关。可以这样说，这一阶段让儿童为重视他人的需求做好了准备。但是为了实现这一目的，儿童需要相关的经历和经验。儿童学会理解他人这件事不会孤立地发生。

回到身体的类比上来，我们在能站立之前是不会行走的。然而，为儿童做的所谓入学准备，恰是他们当前面临的压力。年幼儿童了解自身和世界的方式就是探索和触摸，他们在好奇心的驱使下，调动所有的感官去积极探索，这经常发生在游戏的情境中，尽管人们普遍认可游戏是儿童学习能力的重要组成部分，但在一些促进技能习得的课堂上，游戏的这一作用并未被完全接受。

何谓"入学准备"

于我而言，"入学准备"并不是儿童为上小学做好准备，而是学校要为儿童做好准备。教师要多多了解（我的意思是真正地了解）个体早期发展的相关知识，从内心接受儿童为了学习，需要去游戏、探索和体验。如果儿童不能理解某项技能的基本特性，在完全掌握该技能之前不能理解其过程，那么教会他们技能就无从谈起。回到狄克逊的那部著作，他非常热衷于研究儿童的创造性，认为创造性并非上天偏爱少数人而赐予他们的一种说不清道不明的天赋或天资，而是我们所有人与生俱来的一种能力。他接着论述到，"若不付诸实践，创造性必将枯萎凋零"。对于狄克逊的这一说法，我深有感触，因为我屡屡见证，婴幼儿的热情和好奇心是怎样被学校的所谓创造性活动扼杀的。当然，也有一些优秀的教师会创设环境和氛围、提供资源，引导儿童去探索、去尝试新的技能。例如，教师会把蜡笔悄悄放在纸上，等待着儿童去使用。但是，有太多被称作作品的东西是父母喜欢的，而它们大多出自成人之手，而非儿童自己的作品。

儿童在探索过程中做的很多事情其实就是学习，理解这一点非常重要，但有时它却被人遗忘。游戏和玩耍的过程中必然有思考、计划和组织，这就是学习。举个例子，可能不那么贴切，一个儿童一直在探索和体验着用蜡笔在纸上一圈一圈画的感觉，从技术上讲，这个儿童的技能处在涂鸦阶段。接下来，该儿童开始使用不同的动作，发展出不同的感觉。他开始在那些线条上画点、画不连续的线。想想这有多神奇！它正发生在语言的爆发期，时不时出现停顿和中断。用蜡笔画线，画着画着突然停下来，然后再开始——这是儿童在探索结束和开始、终点和起点,意识这一物与另一物之间是有间隔的。

有趣的是,我们发现,大约在 18 个月到 2 岁这一阶段,儿童开始意识到他们有自己的个性,有属于自己的自我空间。也许这种关联太过微弱,但在我看来,所有这些探索,建构了一种尽管是无意识但更加完整的理解,从而让儿童成长为独立的自我。儿童需要亲自体验不同的绘画阶段,从而真正理解绘画是什么,这样,他们才能更深入地学习如何在纸上或其他媒介上表达他们

图 9.2　儿童在探索过程中做的很多事情其实就是学习

周围的事物。4~7岁的儿童会画任何他们见过的东西，在这一过程中，他们将学会利用阴影、颜色和线条，这一切都充溢着他们画画时的情感背景。仅仅试图去复制某位著名艺术家的作品并不是真正的创作。

儿童最具有创作性的探索通常是通过他们的想象游戏进行的，其中包括了所有类型的运动发展。譬如扮演兔子时可以蹦蹦跳跳，扮演宠物狗时可以学着用四肢行走，用乐高积木搭建城堡，或者把某个角落变成一个可以躲避女巫的洞穴。这些活动都会涉及大量的思考、合作和协商；还有就是学习如何应对自己的想法被拒绝，更有甚者——自己不被允许加入游戏。这些创造性活动是如此丰富，统统都冠以"游戏"之名！格雷在其文章《狩猎采集者个体发展中充满游戏的童年价值》中强调了游戏深层次的进化本质。他强调指出，游戏是自由的、无拘无束的，且在很大程度上没有太多成人的干预或监督，是古代人类行为的重要组成部分。这一说法传递出的信条是：游戏能够促进合作和理解他人。

早在农业或工业社会之前，狩猎采集是人类的主要生活方式。也许正是我们DNA中那古老的部分，确实可能与我们大脑中那些古老的、不变的情感部分相呼应，并有助于解释：为什么对游戏的渴望和需求在儿童中如此之普遍，以及为什么游戏在促进有助于群体生活的技能发展以及支持学习等方面如此重要。

我们前面刚开始讨论游戏主题时，就已经提到过追逐打闹游戏的重要性。弗兰德斯等人在一篇非常有趣的文章中指出，社会性游戏通常是"情绪调节和运动协调得以发展的途径"。他们接着指出：

> 追逐打闹游戏的设计可能特别适合儿童提高自我调节的能力。例如，在追逐打闹游戏过程中，自我设限活动涉及冲动控制、力量水平调节以及对社会目标的计划和监控。[3]

"自我设限"是指为了不伤害弱小的玩伴，较强壮的一方会调整和改变自己的行为。我家的两条狗嬉闹时，我经常看到这一现象，其中一条狗大而强壮，而另一条则又小又弱。特别是在观察男孩们在玩打闹、摔跤等粗野游戏时，我们也会看到这种自我设限。如果动物或人类在这种游戏中改变了它们/他们的行为，游戏也就不再有趣，并因此而停止。正如弗兰德斯接下来所描述的：

> 当和你玩攻击性游戏时，我学着根据你的行为来调整我的行为。我会依据你的动机和情绪状态来塑造我的动机和情绪，我正在采用一个共用的参照标准。

我希望更多的人能看到这段引述，尤其是那些认为追逐打闹等类似游戏充斥着的只不过是攻击和支配。

在游戏中，一个可能不合时宜但却重要的因素是父亲的关键作用，或者至少是积极的男性角色榜样。尤其是男性——尽管不是所有的男性——似乎都有非常充沛的精力与他们的孩子玩剧烈的身体游戏。这是男性灵魂中特别有吸引力的一面，因为他们通常一生都爱打闹嬉戏。研究表明，父亲倾向于向孩子发起挑战，让他们去面对和处理不熟悉的外部世界。常言道，"女人把孩子捧在心里，男人把孩子举到天上"。换言之，母亲和父亲给予孩子的礼物是平衡的：母亲给予孩子安全感，父亲则教会孩子探索和挑战。那些冲动好斗的儿童被证明通常是因为家中缺乏父亲这一角色（以及其他因素），或者父亲没有教会孩子如何探索和挑战。

我花了一些时间来探讨追逐打闹游戏，因为它对于年幼儿童来说是不可或缺的。因此，学校应该做好充分的准备，满足儿童的这种需求，同时也应给儿童提供时间和资源，让他们通过游戏来学习。英国武断地将入学年龄定为5岁，其实并没有反映儿童真实的需求；而且有这样一种趋势，即向越来越小的幼儿介绍越来越多正式的学习经验，这均与我们对儿童早期发展规律的了解背道而驰。真的不知道为什么会这样。我们完全承认，的确需要做些什么来解决太多孩子在中学成绩不佳的问题，但也许比起认为儿童需要为上学做好准备，强迫他们在越来越早的阶段接受正式的教学，事实上，真正需要做的可能恰恰相反。在全面理解儿童发展的背景下，给予儿童充足的时间，允许他们以与其个体需要相一致的节奏去成长和发展，这样倒更有可能产生我们想要的效果，即对学习感兴趣的儿童。

学校为儿童做好准备了吗

儿童需要时间去做自己，根据他们的发展需要去探索，得到那些不会试图催促他们长大的成年人的支持。然而不幸的是，社会确实想让儿童的举止行为看起来像个"小大人"。回到狄克逊曾说过的，"春天是如此短暂"，允许儿童做儿童，根据儿童的实际需要安排学校活动，让他们在一种仁慈的环境中成长，即鼓励他们去游戏、学习、探索、合作，同时也了解各种行为的边界在哪里，这样的要求真的过分吗？难道我们成人真的如此沉迷于自己的需求，以至于在儿童真正准备好之前，就根本看不到引入正式的学习毫无意义吗？令人悲哀的是，许多儿童，尤其是男孩，被迫推迟上学和学习，特别是阅读和写作，因为学校太早引入这些学科，却全然没有考虑怎样引入才更为恰当。

儿童为上学做好准备了吗？再重申一遍，真正的问题其实很早就被提出来了：学校为儿童做好准备了吗？

挑战和困境

- 儿童早期教育工作者要有勇气认识到，儿童应该为入学做什么准备，其实并没有达成一致意见。教育工作者能提供给儿童的最好准备，是与儿童目前所处阶段相匹配的合适经验。
- 我们都应该深刻地认识到，儿童在学校和生活中所需的技能最好通过游戏来学习。

参考文献

1. D. Whitebread and S. Bingham. *School Readiness: a Critical Review of Perspectives and Evidence*. TACTYC Occasional Paper, 2011, No.2.
2. P. Dixon. *Let Me Be*. n.p.: Peche Luna Publications, 2005.
3. L. Flanders, K. Herman and D. Paquette. Rough-and-Tumble Play and the Cooperation-Competition Dilemma: Evolutionary and Developmental Perspectives on the Development of Social Competence in D. Narvaez, J. Panksepp, A. N. Schore and T. R. Gleason (eds). *Evolution, Early Experience and Human Development: From Research to Practice and Policy*, Oxford: Oxford University Press, 2013, p. 375.

附 录

《英国国家早期教育纲要》法定框架（2024年版）学习与发展要求*

《英国国家早期教育纲要》法定框架简介

2008年，英国正式颁布并实施了《英国国家早期教育纲要》（Early Years Foundation Stage, EYFS）法定框架，首次将0~3岁婴幼儿纳入早期教育范畴，为英国保教一体化发展奠定了基础，EYFS堪称英国早期教育领域中的里程碑式文件。

EYFS法定框架致力于：

1. 确保所有儿童早期教育机构提供高质量和一致性的教育，让每个孩子都能取得良好进步，不让一个孩子掉队；

2. 通过为每个孩子的学习和发展制订计划，并定期评估和

---

* 资料来源：本附录内容节选自 Early Years Foundation Stage Statutory Framework. For group and school-based providers. Published: 8 December 2023, Effective: 4 January 2024。

考查他们所学的知识，为他们打下坚实的基础；

3. 儿童早期教育机构的工作者之间，以及与家长和/或照护者之间建立合作关系；

4. 机会均等和反歧视的做法能确保每个孩子都能得到包容和支持。

EYFS法定框架历经五次修订和完善，逐步形成了贯通0~5岁儿童的发展领域、教学指导策略、阶段评估办法等整体性体系，包括三部分内容：Ⅰ. 儿童学习与发展要求；Ⅱ. 评估要求；Ⅲ. 儿童保障与福利要求。

最新版法定框架于2023年12月8日颁布，2024年1月4日开始实施。

在EYFS的第Ⅰ部分内容中，将"儿童的学习与发展"划分为七大领域：交流与语言，个性、社会性与情绪发展，身体发育，读写能力，数学能力，理解世界的能力，表达性艺术与设计。其中前三个领域为基础领域，后四个领域为特定领域，七大领域共涉及17条早期学习目标（Early Learning Goals, ELGs），这些目标是评估英国0~5岁儿童发展状况的重要参考。

由于这套丛书不同程度地体现或反映了EYFS之前版本中第Ⅰ部分的内容，特将最新版中这部分内容整理并附书后，供读者朋友参考。

Ⅰ.学习与发展要求

七大领域		早期学习目标（ELGs）	
		目标分类	具体目标
基础领域	Ⅰ.交流与语言	1.倾听、注意力和理解力	（1）专心倾听，在课堂讨论和小组互动中，用相关问题、评论和行动回应其所听到的；（2）对其听到的内容发表评论，并提出问题以阐明其理解；（3）与老师和同伴交流时能保持对话。
		2.口语	（1）参加小组的、课堂的和一对一的讨论，能提供自己的想法，使用最近被教过的词汇；（2）对事情可能发生的原因作出解释，在适当的时候，能使用最近读过的故事、非虚构作品、儿歌和诗歌中的词汇；（3）会在老师的示范和支持下利用完整句子表达自己的想法和感受，包括使用过去时、现在时和将来时，以及使用连词。
	Ⅱ.个性、社会性与情绪发展	3.自我调节	（1）能表现出对自己和他人情感的理解，并开始相应地调整自己的行为；（2）设定并朝着简单的目标努力，面对其想要的东西能够等待，并在适当的时候控制自己的即时冲动；（3）集中注意力听老师讲课，即使在参与活动时也能作出适当的反应，并表现出遵循涉及几个想法或行动的指示的能力。
		4.自我管理	（1）有信心尝试新活动，并在面对挑战时表现出独立性、韧性和毅力；（2）能解释规则的原因，明辨是非，并努力做出相应的行为；（3）能管理自己的基本卫生和个人需求，包括穿衣、如厕，以及了解选择健康食物的重要性。

七大领域	早期学习目标（ELGs）	
	目标分类	具体目标
基础领域	5. 建立关系	（1）能进行合作学习及合作游戏，并做到与人轮流；（2）与成人和同伴建立积极的依恋和友谊；（3）能对自己和他人的需求表现得敏感。
基础领域 Ⅲ. 身体发育	6. 大肌肉运动技能	（1）能为自己和他人着想，安全地通过空间和障碍；（2）游戏时能展现出力量、平衡性和协调性；（3）能做出诸如跑、蹦跳、跳舞、单腿跳和攀爬等力量性动作。
	7. 精细动作技能	（1）有力地握笔，为流畅的书写做准备，在几乎所有情况下都用三指握笔；（2）能使用一些小型工具，包括剪刀、画笔和餐具等；（3）在绘画时开始表现出准确性和谨慎性。
特定领域 Ⅳ. 读写能力	8. 理解	（1）能运用自己的语言和最近学过的词汇复述故事或叙述情节，以展示其对所听内容的理解；（2）在适当的情况下，能预测故事中的关键事件；（3）在讨论故事、非虚构作品、儿歌、诗歌以及角色扮演时，能使用和理解最近学过的词汇。
	9. 词句阅读	（1）能说出字母表中每个字母的发音，以及至少10个双字母单音素的发音；（2）通过混合发音来阅读与其语音知识相一致的词汇；（3）大声朗读与其语音知识相一致的简单句子和书籍，包括一些常见的例外词。
	10. 书写	（1）能写出可辨认的字母，其中大部分是正确的；（2）通过识别单词的发音，并用一个或多个字母表示这些发音来拼写单词；（3）能写一些别人能够读懂的简单短语和句子。

七大领域		早期学习目标（ELGs）	
		目标分类	具体目标
特定领域	Ⅴ.数学能力	11.理解数字和数	（1）对数字1至10有深刻的理解，包括每个数字的构成；（2）分解（即不用计数就能识别数量）数字1至5；（3）（不借助押韵、计数或其他辅助）能心算5以内的计算（包括减法运算），以及部分10以内的计算，包括相同数相加，例如5+5。
		12.建立数字模式	（1）口头数数超过20，能认识计数系统的模式；（2）在不同情况下比较10以内的数，能识别一个数大于、小于或等于另一个数；（3）能探索和表征10以内的数字模式，包括偶数和奇数、相同数相加，以及如何均分数量。
	Ⅵ.理解世界的能力	13.过去和现在	（1）能谈论周围人的生活以及他们在社会中的角色；（2）根据其经验和课堂上所学内容，了解事物在过去与现在的异同；（3）通过课堂上读书和讲故事时遇到的场景、人物和事件来理解过去。
		14.人、文化和交流	（1）用观察和讨论的方法，以及故事、非虚构作品和地图中的知识描述其所处的环境；（2）利用其经验及在课堂上所读的内容，了解自己国家不同的宗教和文化群体之间的异同；（3）借助故事、非虚构作品中的知识，适当时也会借助地图，解释自己国家与其他国家间的异同。
		15.自然界	（1）探索周围的自然界,观察并绘制动植物的图片；（2）利用自己的经验及课堂上读到的内容，了解周围的自然界，并对比环境间的异同；（3）理解周围自然界中的一些重要过程和变化，包括季节和物质状态的变化。

七大领域	早期学习目标（ELGs）	
	目标分类	具体目标
特定领域	Ⅶ.表达性艺术与设计	16.用材料创作作品	（1）安全地使用和探索各种材料、工具和技术，去尝试不同颜色、设计、纹理、形式和功能；（2）分享自己的作品，并解释其制作过程；（3）在扮演故事中的角色时，能利用道具和材料。
		17.想象力和表达力	（1）与同伴和老师一起创作、改编和叙述故事；（2）能唱一些耳熟能详的童谣和歌曲；（3）能与他人一起演唱歌曲、朗诵儿歌和诗歌、叙述故事，并适时试着与音乐同步。

图书在版编目（CIP）数据

儿童的情商：奠定自信和韧性的基石 /（英）玛丽亚·罗宾逊著；董昕，刘文译. -- 北京：商务印书馆，2024. -- ISBN 978-7-100-24697-2

Ⅰ.B842.6

中国国家版本馆 CIP 数据核字第 20248K9V52 号

权利保留，侵权必究。

儿童的情商：奠定自信和韧性的基石

〔英〕玛丽亚·罗宾逊　著
董昕　刘文　译

商　务　印　书　馆　出　版
（北京王府井大街 36 号　邮政编码 100710）
商　务　印　书　馆　发　行
山东临沂新华印刷物流集团
有　限　责　任　公　司　印　刷
ISBN 978-7-100-24697-2

2025 年 1 月第 1 版　　开本 889×1194　1/24
2025 年 1 月第 1 次印刷　　印张 8¼
定价：68.00 元

感谢乔智大叔为本书提供精美插图

自称"幼儿园专业看门 20 余年"的乔智大叔,以稚拙的笔触、温情的视角,每天用一幅小图传递着关于孩子、幼儿园和教育的思考,其中一些已成为经典,在幼教圈中广为流传。